（2023 年版）

国网宁夏电力有限公司

35～110kV 输变电工程典型施工图

通用设计

国网宁夏电力有限公司　编

中国电力出版社

CHINA ELECTRIC POWER PRESS

内容提要

国网宁夏电力有限公司输变电工程通用设计是根据宁夏地区电网建设工程特点和实践经验，目的是提升工程质量和标准化建设能力，是统一工程建设标准、规范建设管理、合理控制造价的重要手段。

《国网宁夏电力有限公司 35～110kV 输变电工程典型施工图通用设计》共分为 5 章，第 1 章为编制依据，第 2 章为主要技术组合，第 3 章为 110kV 变电站通用设计方案，第 4 章为 35kV 变电站通用设计方案，第 5 章为 110kV 线路杆塔通用设计模块。本书可供国网宁夏电力有限公司系统内各单位，以及电力工程管理、施工、运行等专业人员使用。

图书在版编目（CIP）数据

国网宁夏电力有限公司 35～110kV 输变电工程典型施工图通用设计 / 国网宁夏电力有限公司编. —北京：中国电力出版社，2023.3
ISBN 978-7-5198-7622-7

Ⅰ．①国… Ⅱ．①国… Ⅲ．①输电–电力工程–工程设计–宁夏②变电所–电力工程–工程设计–宁夏 Ⅳ．①TM7②TM63

中国国家版本馆 CIP 数据核字（2023）第 042468 号

出版发行：中国电力出版社		印　　刷：三河市万龙印装有限公司	
地　　址：北京市东城区北京站西街 19 号（邮政编码：100005）		版　　次：2023 年 3 月第一版	
网　　址：http://www.cepp.sgcc.com.cn		印　　次：2023 年 3 月北京第一次印刷	
责任编辑：匡　野		开　　本：880 毫米×1230 毫米　横 16 开本	
责任校对：黄　蓓　常燕昆		印　　张：6	
装帧设计：张俊霞		字　　数：206 千字	
责任印制：石　雷		定　　价：200.00 元	

《国网宁夏电力有限公司 35～110kV 输变电工程典型施工图通用设计》编制工作组

组织单位　国网宁夏电力有限公司

主编单位　国网宁夏电力有限公司经济技术研究院

参编单位　宁夏宁电电力设计有限公司

　　　　　宁夏天净元光电力设计有限公司

　　　　　宁夏天能电力设计有限公司

　　　　　石嘴山天净电力勘测设计有限公司

　　　　　宁夏天源电力勘测设计咨询有限公司

　　　　　固原龙源电力勘测设计咨询有限公司

编 委 会 名 单

主　　任　潘　勇

副 主 任　张　强　蒙金有　薛　东　丁向阳

委　　员　贺　文　黄宗宏　何建剑　冯国瑞　刘晓宏　刘爱国　王诚良　袁和刚　白汗章

编 写 人 员 名 单

（排名不分先后）

主 编	李钧超	田 源	任大江	张 辰	陈 丹	王 龙	施浩楠	苏艳萍	马文长	王献磊
编 写	巩鑫龙	岳一骁	张 维	闫志杰	任凤琴	黄 瑞	张生艳	白 英	王学平	郭 科	宋江宁	邵雪瑾	付红安
	王金有	王 茜	邱 伟	周明星	杨丽娟	马富华	胡 彬	张晓磊	雷天春	贾 鹏	余文强	张文福	寇会军
	秦 博	张国建	刘江浩	韩 力	马 敏	芮 赟	王 升	王书君	靳伟军	马 瑞	高保泰	朱海通	陶 星
	庞亚云	汪海江	孟旭红	李佳怡	豆利龙	苏青青	陈 娜	丁丽霞	张铃珠	杨 凯	尤 菲

前 言

　　为提高宁夏电网工程建设质量，提升标准化建设能力，国网宁夏电力有限公司建设部会同相关部门及单位，组织国网宁夏电力有限公司经济技术研究院和设计单位，在《国家电网有限公司 35～750kV 输变电工程通用设计、通用设备应用目录（2023 年版）》的基础上，深入总结宁夏电网建设技术创新及实践成果，完成省级通用设计深化应用研究。

　　《国网宁夏电力有限公司 35～110kV 输变电工程典型施工图通用设计》包括宁夏地区常用的 35～110kV 变电站及线路杆塔设计方案、典型设计图纸、施工图深度三维模型等。本书提供各方案技术导则及各方案主要设计图纸，其余典型设计图纸及三维模型通过数字版形式另行发布。

　　由于编者水平有限，不妥之处敬请读者批评指正。

目　　录

1 编 制 依 据

1.1 依 据 性 文 件

《国家电网公司输变电工程通用设计 330～750kV 变电站分册（2017 年版）》

《国家电网公司输变电工程通用设计 220kV 变电站模块化建设（2017 年版）》

《国家电网公司输变电工程通用设计 35～110kV 智能变电站模块化建设施工图设计（2016 年版）》

《国网基建部关于发布 35～750kV 变电站通用设计通信、消防部分修订成果的通知》（基建技术〔2019〕51 号）

《国网基建部关于印发 750kV 及以下新建变电站治安反恐防范设计补充规定的通知》（基建技术〔2021〕49 号）

《国家电网有限公司关于印发加强易受洪涝灾害影响地区电网设备防洪防涝工作重点措施的通知》（国家电网设备〔2020〕770 号）

《国网宁夏电力建设部关于深化输变电工程机械化施工实施意见的通知》（宁电建设字〔2022〕6 号）

《国家电网有限公司 35～750kV 输变电工程通用设计、通用设备应用目录（2023 年版）》

《国网宁夏电力有限公司输变电工程通用设计 35～110kV 分册（含三维模型库）》

《国家电网有限公司变电站模块化建设 2.0 版技术导则（修订稿）》

1.2 主要设计标准、规程规范

GB/T 14285—2006《继电保护和安全自动装置技术规程》

GB/T 30155—2013《智能变电站技术导则》

《国家电网公司输变电工程通用设计 220kV 变电站模块化建设（2017 年版）》

GB/T 50064—2014《交流电气装置的过电压保护和绝缘配合设计规范》

GB/T 50065—2011《交流电气装置的接地设计规范》

GB 50016—2014《建筑设计防火规范（2018 年版）》

GB 50017—2017《钢结构设计规范》

GB 50059—2011《35～110kV 变电站设计规范》

GB 50060—2008《35～110kV 高压配电装置设计规范》

GB 50061—2010《66kV 及以下架空电力线路设计规范》

GB 50064—2014《交流电气装置的过电压保护和绝缘配合设计规范》

GB/T 50065—2011《交流电气装置的接地设计规范》

GB 50116—2013《火灾自动报警系统设计规范》

GB 50217—2018《电力工程电缆设计标准》

GB 50260—2013《电力设施抗震设计规范》

GB 50227—2017《并联电容器装置设计规范》

GB 50229—2019《火力发电厂与变电站防火设计标准》

GB 50974—2014《消防给水及消火栓设计规范》

DL/T 448—2016《电能计量装置技术管理规程》

DL/T 5003—2017《电力系统调度自动化设计技术规程》

DL/T 5044—2014《电力工程直流系统设计技术规程》

DL/T 5056—2007《变电站总布置设计技术规程》

DL/T 5136—2012《火力发电厂、变电站二次接线设计技术规程》

DL/T 5157—2012《电力系统调度通信交换网设计技术规程》

DL/T 5202—2022《电能量计量系统设计技术规定》

DL/T 5222—2021《导体和电器选择设计规程》

DL/T 5242—2010《35kV～220kV 变电站无功补偿装置设计技术规定》

DL/T 5352—2018《高压配电装置设计规范》

DL/T 5457—2012《变电站建筑结构设计技术规程》

Q/GDW 10166—2016《国家电网有限公司输变电工程初步设计内容深度规定》

Q/GDW 11152—2014《智能变电站模块化建设技术导则》

Q/GDW 11154—2014《智能变电站预制电缆技术规范》

Q/GDW 11155—2014《智能变电站预制光缆技术规范》

Q/GDW 11157—2017《预制舱式二次组合设备技术规范》

2 主要技术组合

国网宁夏电力有限公司 35～110kV 变电站通用设计实施方案共包括 4 个方案，在《国家电网有限公司 35～750kV 输变电工程通用设计、通用设备应用目录（2023 年版）》的基础上，结合宁夏地区工程建设实际情况进行优化，其中 NX－110－B－1 方案形成 110/35/10kV 和 110/10kV 两个子方案，具体方案见表 2－1。

表 2－1　　　　国网宁夏电力有限公司 35～110kV 变电站通用设计实施方案

序号	国网通用设计方案编号	宁夏公司实施方案编号	建设规模	接线型式	总布置及配电装置	围墙内占地面积（hm²）/总建筑面积（m²）
1	110－B－1	NX－110－B－1	主变压器：3×50MVA；出线：110kV 4 回；三圈变子方案 35kV 6 回、10kV 24～28 回；两圈变子方案 10kV 36～40 回；每台主变压器 10kV 侧配置 3.6Mvar 电容器 1 组、4.8Mvar 电容器 1 组	110kV：单母线分段；35kV：单母线分段；10kV：单母线三分段	110kV 及主变场地平行布置；110kV：户外 HGIS，架空出线；35、10kV：户内开关柜双列布置，电缆出线，35kV 采用充气开关柜，10kV 采用移开式开关柜；H>2000m 时，10kV 采用充气柜	0.4521/640
2	110－A2－6	NX－110－A2－6	主变压器：3×50MVA；出线：110kV 4 回，10kV 36 回；每台主变压器 10kV 侧配置 3.6Mvar 电容器 1 组、4.8Mvar 电容器 1 组	110kV：单母线分段；10kV：单母线三分段	全户内一幢楼布置；110kV：户内 GIS，电缆出线；10kV：户内移开式开关柜双列布置，电缆出线；H>2000m 时，采用充气柜	0.3560/1128
3	110－A3－2	NX－110－A3－2	主变压器：3×50MVA；出线：110kV 4 回，35kV 12 回，10kV 24 回	110kV：单母线分段；35kV：单母线三分段；10kV：单母线三分段	半户内一幢楼布置，主变压器户外布置；110kV：户内 GIS，电缆出线；35、10kV 户内开关柜双列布置，电缆出线，35kV 采用充气开关柜，10kV 采用移开式开关柜；H>2000m 时，10kV 采用充气柜	0.4371/1242
4	35－E1－2	NX－35－E1－2	主变压器：2×10MVA；出线：35kV 2 回，10kV 8 回；每台主变 10kV 侧配置 1000kvar 电容器 1 组	35kV：单母线；10kV：单母线分段	主变压器户外布置；设 1 个综合式预制舱式一二次组合设备；35kV、10kV 均采用充气开关柜	0.1050/50

3   110kV 变电站通用设计方案

3.1   概　述

本设计方案是在《国家电网公司输变电工程通用设计 35～110kV 智能变电站模块化建设施工图设计（2016 年版）》的基础上，结合《国家电网有限公司 35～750 千伏输变电工程通用设计、通用设备应用目录（2023 年版）》完成该方案内容设计，并根据相关各部门意见对该方案局部调整。

3.2   方 案 技 术 条 件

110kV 变电站通用设计方案技术条件见表 3–1～表 3–3。

表 3–1　　　　　　　　NX–110–B–1 技术条件表

序号	项目名称	技术条件
1	主变压器	3×50MVA
2	出线规模	110kV 出线 4 回，架空出线 三圈变：35kV 出线 6 回，电缆出线；10kV 出线 24～28 回，电缆出线 两圈变：10kV 出线 36～40 回，电缆出线
3	电气主接线	110kV 采用单母线分段接线 35kV 采用单母线分段接线 10kV 采用单母线三分段接线
4	无功补偿	每台变压器配置 10kV 电容器 2 组
5	短路电流	110kV 短路电流：40kA 35kV 短路电流：31.5kA 10kV 短路电流：31.5、40kA
6	主要设备选型	主变压器：户外三相、三绕组（双绕组）油浸式、自冷有载调压变压器 110kV：户外 HGIS 35kV：户内充气式开关柜 10kV：户内移开式开关柜 10kV 电容器：框架式，电抗器三相叠落布置

续表

序号	项目名称	技术条件
7	电气总平面及配电装置	110kV 配电装置、主变压器、配电装置室平行布置 主变压器：户外布置 110kV HGIS：户外布置 35kV、10kV：户内开关柜双列布置 无功补偿：户外成套布置
8	监控系统	按无人值守设计，采用计算机监控系统，监控和远动统一考虑
9	模块化二次设备	采用预制舱二次组合设备，全站设置 1 个二次设备室、1 个Ⅲ型预制舱。二次设备室内布置一体化电源设备模块、通信设备模块、站控层设备模块，舱内含 110kV 间隔设备模块、公用设备模块及主变压器间隔层设备模块。 采用预制式智能控制柜，110kV 过程层设备按间隔配置，分散布置于就地预制式智能控制柜内
10	土建部分	围墙内占地面积 0.4521hm²，总建筑面积 640m²，设配电装置室、生产辅助用房，采用单层装配式钢框架结构，室内外设置移动式化学灭火装置
11	站址基本条件	海拔 2000m 以下，设计基本地震加速度按 0.20g 考虑，重现期 50 年的设计基本风速 $v_0=30m/s$，天然地基，地基承载力特征值 $f_{ak}=150kPa$，无地下水影响，假设场地为同一标高

表 3–2　　　　　　　　NX–110–A2–6 技术条件表

序号	项目名称	技术条件
1	主变压器	3×50MVA
2	出线规模	110kV 出线 4 回，电缆出线 10kV 出线 36 回，电缆出线
3	电气主接线	110kV 采用单母线分段接线 10kV 采用单母线三分段接线
4	无功补偿	每台变压器配置 10kV 电容器 2 组

序号	项目名称	技术条件
5	短路电流	110kV 短路电流：40kA 10kV 短路电流：31.5、40kA
6	主要设备选型	主变压器：户内三相、双绕组、油浸式、自冷有载调压变压器 110kV：户内 GIS 10kV：户内移开式开关柜 10kV 电容器：框架式，配置铁芯电抗器
7	电气总平面及配电装置	主变压器：户内布置 110kV GIS：户内布置 10kV：户内移开式开关柜 无功补偿：户内成套布置
8	监控系统	按无人值守设计，采用计算机监控系统，监控和远动统一考虑
9	模块化二次设备	二次设备模块化布置，全站设 1 个二次设备室，含站控层设备模块、公用设备模块、通信设备模块、直流电源系统模块、主变压器间隔层设备模块。 采用预制式智能控制柜，110kV 过程层设备按间隔配置，分散布置于就地预制式智能控制柜内
10	土建部分	围墙内占地面积 0.3560hm²，总建筑面积 1128m²，设配电装置室、生产辅助用房、消防水泵房，采用装配式钢框架结构，室内外设置消火栓并配置移动式化学灭火装置
11	站址基本条件	海拔 2000m 以下，设计基本地震加速度按 0.20g 考虑，重现期 50 年的设计基本风速 $v_0 = 30\text{m/s}$，天然地基，地基承载力特征值 $f_{ak} = 150\text{kPa}$，无地下水影响，假设场地为同一标高

表 3-3　　　　　　　　NX-110-A3-2 技术条件表

序号	项目名称	技术条件
1	主变压器	3×50MVA
2	出线规模	110kV 出线 4 回，电缆出线 35kV 出线 12 回，电缆出线 10kV 出线 24 回，电缆出线
3	电气主接线	110kV 采用单母线分段接线 35kV 采用单母线三分段接线 10kV 采用单母线三分段接线
4	无功补偿	每台变压器配置 10kV 电容器 2 组
5	短路电流	110kV 短路电流：40kA 35kV 短路电流：31.5kA 10kV 短路电流：31.5、40kA

序号	项目名称	技术条件
6	主要设备选型	主变压器：户外三相、三绕组、油浸式、自冷有载调压变压器 110kV：户内 GIS 35kV：户内充气式开关柜 10kV：户内移开式开关柜 10kV 电容器：框架式，配置铁芯电抗器
7	电气总平面及配电装置	主变压器：户外布置 110kV GIS 户内布置，电缆出线 35kV、10kV：户内开关柜双列布置、电缆出线 无功补偿：户内成套布置
8	监控系统	按无人值守设计，采用计算机监控系统，监控和远动统一考虑
9	模块化二次设备	二次设备模块化布置，全站设 1 个二次设备室，含站控层设备模块、公用设备模块、通信设备模块、直流电源系统模块、主变压器间隔层设备模块 采用预制式智能控制柜，110kV 过程层设备按间隔配置，分散布置于就地预制式智能控制柜内
10	土建部分	围墙内占地面积 0.4371hm²，总建筑面积 1242m²，设配电装置室、生产辅助用房、消防水泵房，采用装配式钢框架结构，室内外设置消火栓并配置移动式化学灭火装置
11	站址基本条件	海拔 2000m 以下，设计基本地震加速度按 0.20g 考虑，重现期 50 年的设计基本风速 $v_0 = 30\text{m/s}$，天然地基，地基承载力特征值 $f_{ak} = 150\text{kPa}$，无地下水影响，假设场地为同一标高

3.3　技　术　导　则

3.3.1　设计原则

3.3.1.1　设计对象

国网宁夏电力有限公司系统内的 110kV 变电站。

3.3.1.2　设计范围

变电站围墙以内，设计标高零米以上的生产及辅助生产设施。受外部条件影响的项目，如系统通信、保护通道、进站道路、站外给排水、地基处理、土方工程等不列入设计范围。

3.3.1.3　运行管理方式

本方案按无人值守设计。

3.3.1.4　模块化建设原则

（1）电气一、二次集成设备最大程度实现工厂内规模生产、调试、模块化配送、减少现场安装、接线、调试工作,提高建设质量、效率。一次设备本体与智能控制柜之间二次控制电缆采用预制电缆连接。

（2）配电装置布局应统筹考虑按二次设备模块化布置,便于安装、消防、扩建、运维、检修及试验等工作。

（3）监控、保护、通信等站内公用二次设备按功能设置一体化监控模块、电源模块、通信模块等,采用预制式智能控制柜。

（4）一次设备与二次设备之间采用预制电缆标准化连接;二次设备之间采用预制光缆标准化连接。

（5）变电站高级应用应满足电网运行管理需求,模块化设计、分阶段实施。

（6）建筑物采用装配式钢结构,实现标准化设计、工厂化制作、机械化安装。

（7）建筑物、构筑物基础采用标准化尺寸,定型钢模浇制。

3.3.2 电力系统部分

3.3.2.1 主变压器

设计方案中单台主变压器容量一般按 50MVA 常用容量配置。对于负荷密度较轻的地区,可以采用 40MVA 容量的变压器,当负荷特别轻时也可采用31.5MVA 容量的变压器,对于负荷密度特别高的城市中心地区,单台主变压器容量可按 63MVA 或 80MVA 容量配置。

一般地区主变压器规模宜按 3 台配置,对于负荷密度特别高的城市中心、站址选择困难地区主变压器规模可按 4 台配置,对于负荷密度较低的地区主变压器规模可按 2 台配置。

主变压器采用双绕组。

实际工程中主变压器台数和容量、绕组数应根据相关的规程规范、导则和已经批准的电网规划计算确定,变压器调压方式应根据系统情况确定。

3.3.2.2 出线回路数

110kV 出线:按 2～4 回配置,有电网特殊要求时可按 6～8 回配置。

35kV 出线:一般情况下按 6～12 回配置。

10kV 出线:一般情况下按 24～40 回配置。

可根据实际工程具体情况对各电压等级出线回路数进行适当调整。

3.3.2.3 无功补偿

无功补偿应根据系统条件经过具体计算后确定感性和容性无功补偿配置。

在不引起高次谐波谐振、有危害的谐波放大和电压变动过大的前提下,无功补偿装置宜加大分组容量或减少分组组数。

每台变压器低压侧无功补偿电容器组数为 2 组。

具体工程必须经过调相调压计算来确定无功容量及分组的配置。

3.3.2.4 系统接地方式

110kV 系统采用直接接地方式;主变压器 35、10kV 侧接地方式宜结合线路负荷性质、供电可靠性等因素,采用不接地、经消弧线圈或小电阻接地方式。

3.3.3 电气一次部分

3.3.3.1 电气主接线

变电站的电气主接线应根据变电站的规划容量,线路、变压器连接元件总数,设备特点等条件确定。结合"两型三新一化"建设要求,电气主接线应综合考虑供电可靠性、运行灵活、操作检修方便、节省投资、便于过渡或扩建等要求。

（1）110kV 电气接线。110kV 规模 4 线 3 变采用单母线分段接线。

实际工程中应根据出线规模、变电站在电网中的地位及负荷性质,确定电气接线,当满足运行要求时,宜简化接线。

（2）35kV 电气接线,2 台主变压器时采用单母线分段接线;3 台主变压器采用单母线三分段接线。

（3）10kV 电气接线,2 台主变压器时采用单母线分段接线;3 台主变压器采用单母线三分段接线。

3.3.3.2 短路电流

110kV 电压等级:设备短路电流水平 40kA。

35kV 电压等级:设备短路电流水平 31.5kA。

10kV 电压等级:设备短路电流水平 31.5kA 或 40kA。

设备短路电流耐受水平可根据实际工程所处电网短路电流水平确定。

3.3.3.3 主要设备选择

（1）电气设备选型应从《国家电网有限公司 35～750kV 输变电工程通用设计、通用设备应用目录（2023 年版）》中选择。

（2）变电站内一次设备应采用"一次设备本体＋智能组件"形式;与一次设备本体有安装配合的互感器、智能组件,应与一次设备本体采用一体化设计,优化安装结构,保证一次设备运行的可靠性及安全性。

（3）主变压器采用三相三绕组（或双绕组）、有载调压、油浸自冷式变压器，容量特别大或者布置受限时也可采用油浸风冷式主变压器；位于城镇区域的变电站宜采用低噪声变压器。应选用高效节能变压器，满足 GB 20052—2020《电力变压器能效限定值及能效等级》2 级及以上能效等级要求。

（4）110kV 开关设备采用 GIS 设备。

（5）110kV 电压等级及主变压器各侧采用常规互感器＋合并单元形式，并应按要求优化互感器二次绕组配置数量以及容量。

（6）35kV 开关设备采用户内充气式开关柜。

（7）10kV 开关设备采用户内空气绝缘开关柜。海拔高于 2000m 以上，10kV 开关设备采用户内充气式开关柜。

（8）户外变电站无功补偿装置选用户外框架式并联电容器，串联干式空芯电抗器；户内变电站采用户内框架式并联电容器，串联干式铁芯电抗器。无功补偿容量根据实际工程核算无功补偿容量后配置，串联电抗率根据实际工程所处谐波级次配置。

3.3.3.4　导体选择

母线载流量按正常运行方式下最大通流容量考虑，并结合环境条件校验。

出线回路的导体载流量按正常运行方式下最大回路工作电流考虑，并结合环境条件校验，导体截面原则上按不小于输电线路的截面考虑。

110kV 导线截面应进行电晕校验及无线电干扰校验。

主变压器进线侧导体载流量按不小于主变压器额定容量 1.05 倍计算，实际工程中可根据需要考虑承担其他主变压器事故或检修时转移的负荷。

3.3.3.5　电气总平面布置

电气总平面布置应结合技术经济比较，在满足使用功能的前提下，以最少土地资源达到变电站建设要求。出线方向适应各电压等级线路走廊要求，尽量减少线路交叉和迂回。配电装置尽量不堵死扩建的可能，进站道路条件允许时，变电站大门宜直对主变压器运输道路。

变电站大门及道路的设置应满足主变压器、大型装配式预制件、预制舱式二次组合设备等的整体运输；户外变电站采用预制舱式二次组合设备，利用配电装置附近空余场地布置预制舱式二次组合设备，优化二次设备室面积和变电站总平面布置。

3.3.3.6　配电装置

（1）配电装置布局紧凑合理，主要电气设备、装配式建（构）筑物以及预制舱式二次组合设备的布置应便于安装、消防、扩建、运维、检修及试验工作。

（2）配电装置可结合装配式建筑以及预制舱式二次组合设备的应用进一步合理优化，但电气设备与建（构）筑物之间电气尺寸应满足 DL/T 5352—2018《高压配电装置设计规范》的要求。

（3）屋外配电装置的布置应能适应预制舱式二次组合设备的下放布置，缩短一次设备与二次系统之间的距离。

（4）屋内配电装置布置应考虑其安装、检修、起吊、运行、巡视以及气体回收装置所需的空间和通道。

3.3.3.7　站用电

交流站用电系统为 380/220V 中性点接地系统，站用电系统采用按工作变压器划分的单母线接线。

3.3.3.8　电缆敷设

电力电缆和控制电缆选择按照 GB 50217—2018《电力工程电缆设计标准》和 Q/GDW 11154—2014《智能变电站预制电缆技术规范》选择。

优化电缆敷设路径，取消间隔内支沟。电缆沟内强弱电缆进行有效分隔，在满足电缆（光缆）敷设容量要求的前提下，配电装置场地主通道可采用电缆沟或槽盒。二次设备室不宜设置电缆夹层，位于建筑一层时，宜设置电缆沟。

高压组合电器设备本体与汇控柜采用标准预制电缆连接。

光缆由不同路径进入二次设备室。

3.3.4　二次系统

3.3.4.1　系统继电保护安全自动装置

3.3.4.1.1　110kV 线路保护

（1）每回 110kV 线路按光差保护配置，以光纤电流差动为主保护，三段式相间距离、三段式接地距离、四段式零序电流方向保护为后备保护，含断路器操作及重合闸功能。当因为外部条件无法配置光差保护时，也可配置距离保护。

（2）110kV 主网（环网）线路的保护和测控应配置独立的保护装置和测控装置，其他 110kV 线路配置保护测控集成装置。

（3）保护采用数字量直接采样、GOOSE 直接跳闸。

3.3.4.1.2　110kV 母线保护

（1）配置一套母线保护。

（2）110kV 母线保护数字量直接采样、GOOSE 直接跳闸。

3.3.4.1.3　110kV 母联（分段）

（1）按断路器配置单套母联（分段），具备瞬时和延时跳闸功能的充电及过电流保护。

（2）110kV 主网（环网）母联的保护和测控应配置独立的保护装置和测控装置，其他 110kV 母联配置保护测控集成装置。

（3）母联（分段）保护采用数字量直接采样。

3.3.4.1.4　故障录波

（1）110kV 变电站应配置故障录波器。

（2）当设置过程层网络时，故障录波通过网络方式采集相关信息。

（3）变电站内的故障录波器应能对站用直流系统的各母线段（控制、保护）对地电压进行录波。

3.3.4.1.5　保护及故障信息系统子站

保护及故障信息系统子站不配置独立装置，保护装置信息由Ⅰ区监控主机或Ⅰ区通信网关机接收后存储在Ⅰ区。

其主要功能有：

（1）保护运行管理功能，对站内的保护装置的运行信息，如保护动作、保护启动、自检、开关量压板、工况等信息进行查询统计工作，并可生成各种报告。

（2）利用录波数据、采样值数据，能够进行波形分析、相序分量分析、谐波分析，对波形可进行拷贝、放缩、叠加等操作。

（3）数据远传。通过路由器广域网方式与管理主站进行双向通信，并接受管理主站的访问及管理。

3.3.4.1.6　安全自动装置

变电站是否配全安全自动装置应根据接入后的系统安全稳定校核计算结论确定，装置配置应遵循如下原则：

（1）站内备自投功能配置 1 套独立的备自投装置实现，备自投装置光缆连接按"直采直跳"设计。

（2）低频低压减载功能配置 1 套独立的低频低压减载装置实现。

3.3.4.2　调度自动化

3.3.4.2.1　调度关系及远动信息传输原则

调度管理关系根据电力系统概况、调度管理范围划分原则和调度自动化系统现状确定。远动信息的传输原则根据调度管理关系确定。

3.3.4.2.2　远动设备配置

远动通信设备（Ⅰ区数据通信网关机）配置应符合 3.4.4.3 的相关要求，并优先采用专用装置、无硬盘型，采用专用操作系统。

3.3.4.2.3　远动信息采集

远动信息采取"直采直送"原则，直接从监控系统的测控单元获取远动信息并向调度端传送。

3.3.4.2.4　远动信息传送

（1）远动通信设备应能实现与相关调控中心的数据通信，采用双套电力调度数据网络方式。网络通信采用 DL/T 634.5104 规约。

（2）远动信息内容应满足 DL/T 5003—2017《电力系统调度自动化设计规程》、DL/T 5002—2021《地区电网调度自动化设计技术规程》、Q/GDW 10678—2018《智能变电站一体化监控系统技术规范》和相关调度端、无人值班远方监控中心对变电站的监控要求。

（3）监控系统Ⅰ区数据通信网关机应具备一键顺控数据通信功能。调控/集控站端通过站内Ⅰ区数据通信网关机调用站端一键顺控功能，并接收一键顺控执行情况的相关信息。

3.3.4.2.5　电能量计量系统

（1）全站配置一套电能量计量系统子站设备，包括电能计量表与电能量远方终端。信息通过调度数据网或基于 SDH 网络的以太网传输方式将电能量数据传送至各级电网计量主站。

（2）关口计费点配置独立电能表，并符合 DL/T 448—2016《电能计量装置技术管理规程》。

3.3.4.2.6　调度数据网络及安全防护装置

（1）配置双套调度数据网络接入设备，每套含 2 台调度数据网络交换机及 1 台路由器，组柜 2 面。

（2）安全Ⅰ区设备与安全Ⅱ区设备之间通信可设置防火墙；监控系统通过正反向隔离装置向Ⅳ区传送数据，实现与其他主站的信息传输；监控系统与远方调度（调控）中心进行数据通信应设置纵向加密认证装置。

（3）安全Ⅱ区部署网络安全监测装置 1 台，接入电力调度数据网与调度机构的网络安全管理平台，实现主站网络安全平台的统一管控。

3.3.4.3 系统及站内通信

3.3.4.3.1 光纤系统通信

光纤通信电路的设计，应结合通信网现状、工程实际业务需求以及各地市公司通信网规划进行。

（1）光缆类型以 OPGW 为主，光缆纤芯类型宜采用 G.652 光纤。随新建 110kV 架空线路应至少建设 1 根 OPGW 光缆，一般情况下每根光缆芯数 48 芯。

（2）变电站应具备至少 2 个光缆路由以及 2 条及以上独立的光缆敷设通道。

（3）变电站应按调度关系及地区通信网络规划要求建设相应的光传输系统。光传输系统的传输速率应满足各类业务需求及规划发展要求。

（4）变电站应配置 1 套地市级 SDH 设备，接入相应的光传输网。

（5）同一方向的多条光缆或同一传输系统不同方向的多条光缆应避免同路由敷设进入二次设备室。

3.3.4.3.2 站内通信

（1）变电站不设置程控调度交换机。变电站调度、行政电话由调度运行单位采用混合终端接入方式及 IAD 接入方式解决。

（2）变电站应配置 1 套综合数据通信网设备。综合数据通信网设备宜采用两条独立的上联链路与网络中就近的两个汇聚节点互联。

（3）变电站通信设备的环境监测功能由辅助设备智能控制系统统一考虑。

（4）变电站通信设备采用站内一体化电源系统实现−48V 直流供电，配置独立的 DC/DC 转换装置。每个 DC/DC 转换模块直流输入侧加装独立空气开关，通信负载电流按 130A 考虑。

（5）变电站通信设备与二次设备统一布置，通信设备屏位应按变电站终期规模考虑。

3.3.4.4 变电站自动化系统

3.3.4.4.1 监控范围及功能

监控系统实现全站信息的统一接入、统一存储和统一展示，具备运行监视、操作与控制、综合信息分析与智能告警、运行管理各辅助应用等功能。

变电站自动化系统设备配置和功能要求按无人值班设计，采用开放式分层分布式网络结构，通信规约统一采用 DL/T860。监控范围及功能满足 Q/GDW 10678—2018《智能变电站一体化监控系统技术规范》的要求。

配置 1 套智能防误主机，智能防误功能模块 1 套部署于监控主机，1 套部署于智能防误主机；当与生产部门达成一致时，2 套智能防误功能模块也可分别由 2 台监控主机集成。

监控主机的防误逻辑与智能防误主机的防误逻辑应相互独立，两套防误逻辑共同实现防误双校核功能。

变电站一键顺控功能在站端实现，部署于安全Ⅰ区，由站控层设备（监控主机、智能防误主机、Ⅰ区数据通信网关机）、间隔层设备（测控装置）及一次设备传感器共同实施。具体由监控主机实现相关功能，与智能防误主机之间进行防误逻辑双校核，通过Ⅰ区数据通信网关机采用 DL/T 634（IEC 60870−5−104）通信协议实现调控对变电站一键顺控功能的调用。

3.3.4.4.2 系统网络

（1）站控层网络。站控层网络采用双星形以太网络，站控层交换机可按二次设备室（舱）或按电压等级配置交换机，并相互级联。

（2）间隔层网络。间隔层网络宜采用双重化星形以太网络。

（3）过程层网络。

1）110kV 过程层设置单星形以太网络，GOOSE 报文与 SV 报文共网传输。110kV 间隔层设备与过程层设备之间保护信息采用点对点方式传输 GOOSE、SV 报文，测控信息采用组网方式传输 GOOSE、SV 报文。过程层集中设置过程层交换机。

2）10kV 不单独设置过程层网络，当 110kV 过程层设置单星形以太网络时，主变压器 10kV 过程层设备接入 110kV 过程层网络，GOOSE 报文通过站控层网络传输。

（4）站控层、间隔层设备通过两个独立的以太网控制器接入双重化站控层、间隔层网络。

3.3.4.4.3 设备配置原则

（1）站控层设备配置原则。站控层设备按远期规模配置，按照功能分散配置、资源共享、避免设备重复设置的原则。站控层设备由以下几部分组成：

1）监控主机双套配置，集成数据服务器、操作员站、工程师工作站与监控主机。

2）综合应用服务器单套配置。

3）Ⅰ区数据通信网关机兼具图形网关机功能，按双套配置，集成一键顺控数据通信功能。

4）Ⅱ区数据通信网关机单套配置。

5）Ⅳ区数据通信网关机单套配置（选配）。

6）智能防误主机单套配置。

（2）间隔层设备配置原则。间隔层包括继电保护、安全自动装置、测控装置、故障录波系统、网络记录分析系统、计量装置等设备。

1）继电保护及安全自动装置具体配置详见3.4.1。

2）110kV间隔（主变压器间隔除外）应采用保护、测控集成装置；主变压器间隔测控装置应独立配置。35/10kV电压等级采用保护、测控集成装置。35/10kV每段母线各配置1台公用测控装置，用于接入各间隔辅助判据位置信息。

3）全站统一配置1套网络记录分析装置。网络记录分析装置应记录所有过程层GOOSE、SV网络报文、站控层MMS报文。

4）全站电能表独立配置。

（3）过程层设备配置原则。

1）合并单元。110kV间隔合并单元单套配置；110kV母线合并单元双套配置；主变压器各侧合并单元双套配置，中性点（含间隙）合并单元独立配置，也可并入相应侧合并单元；35/10kV不配置合并单元（主变压器间隔除外）。

同一间隔内的电流互感器和电压互感器合用一个合并单元。合并单元分散布置于配电装置场地智能控制柜内，采用合并单元智能终端集成装置。

2）智能终端。110kV及主变压器各侧智能终端单套配置，分散布置于配电装置场地智能控制柜内。主变压器本体智能终端单套配置，集成非电量保护功能。10kV不配置智能终端（主变压器间隔除外）。

采用合并单元智能终端集成装置。

3）预制式智能控制柜。预制式智能控制柜按间隔进行配置；对于GIS设备，预制式智能控制柜应与GIS汇控柜一体化设计。

（4）网络通信设备。网络设备包括网络交换机、接口设备和网络连接线、电缆、光缆及网络安全设备等。

1）站控层网络按二次设备室或按电压等级配置站控层交换机，并相互级联；交换机端口数量应满足应用需求，采用100Mbit/s端口。

2）过程层交换机集中设置。过程层每个虚拟网均应预留1～2个备用端口。任意两台智能电子设备之间的数据传输路由不应超过4台交换机。

3.3.4.5 元件保护

3.3.4.5.1 110kV主变压器保护

（1）110kV主变压器电量保护按双套配置，每套保护包含完整的主、后备保护功能；110kV变压器电量保护也可按单套配置，主、后备保护分开；非电量保护单套配置，与本体智能终端装置集成。主保护采用纵差保护，后备保护含复合电压闭锁过流、零序过流保护、过负荷保护等完整的后备保护功能。

（2）主变压器电量保护数字量直接采样，GOOSE直接跳各侧断路器；主变压器保护跳母联、分段断路器及闭锁备自投等可采用GOOSE网络传输。主变压器非电量保护采用就地通过电缆直接跳闸，信息通过本体智能终端上送。

（3）每台主变压器配置电量保护装置2套，集中布置于二次设备室；配置非电量保护1套，由主变压器本体智能终端集成，安装于主变压器就地智能控制柜内。

3.3.4.5.2 35/10kV线路、站用变压器、电容器保护

按间隔单套配置，采用保护、测控集成装置。

3.3.4.6 交直流一体化电源系统

3.3.4.6.1 系统组成

站用交直流一体化电源系统由站用交流电源、并联型直流电源系统、交流不间断电源（UPS）、逆变电源（INV）及监控装置等组成。监控装置作为一体化电源系统的集中监控管理单元。

变电站并联型直流电源系统应配置1套微机总监控装置，每套并联型直流电源系统宜配置1套微机分监控装置，微机分监控装置采用RS485通信口接入微机总监控装置。监控装置功能要求应满足T/CERS 0007—2020《110kV及以下变电站并联型直流电源系统技术规范》，并联型直流电源系统微机总监控装置接入变电站交直流一体化电源总监控装置。

3.3.4.6.2 直流电源

（1）直流系统电压。110kV 变电站操作电源额定电压采用 220V，通信电源额定电压 -48V。

（2）蓄电池型式、容量及组数。全站设三组并联直流电源，第一组供二次直流负荷（不含 UPS 和事故照明），第二组供 UPS 和事故照明负荷，第三组供通信直流负荷，每组均单套配置且按该组内全部直流负荷考虑。

并联直流电源蓄电池采用阀控式铅酸蓄电池，单体电池端电压 12V，容量 200Ah，蓄电池放电时间二次负荷按 2h 计算、通信负荷按 4h 计算。

（3）并联直流电源系统模块。第一组（二次用，不含 UPS 和事故照明）需配置 2A 模块 17 个，第二组（UPS 和事故照明用）需配置 2A 模块 21 个，第三组通信需配置模块 12 个。

（4）并联型直流电源系统供电方式。并联型直流电源系统宜采用集中辐射形供电方式。单套智能组件配置的智能控制柜每柜从直流馈线柜引一路直流电源，柜内各回路经各自直流空开供电；双套智能组件配置的智能控制柜每柜从直流馈线柜引两路直流电源，柜内第一套回路从第一路直流电源经各自直流空开供电，第二套回路从第二路直流电源经各自直流空开供电。10kV 开关柜按母线段采用小母线形式辐射供电方式。

3.3.4.6.3 交流不停电电源系统

变电站宜配置一套单主机交流不停电电源系统（UPS）。

3.3.4.6.4 总监控装置

系统应配置 1 套总监控装置，作为直流电源及不间断电源系统的集中监控管理单元，应同时监控站用交流电源、直流电源、交流不间断电源（UPS）、逆变电源（INV）和直流变换电源（DC/DC）等设备。

3.3.4.7 时间同步系统

（1）配置 1 套公用的时钟同步系统，主时钟双套配置，另配置扩展装置实现站内所有对时设备的软、硬对时。支持北斗系统和 GPS 系统单向标准授时信号，优先采用北斗系统，时钟同步精度和守时精度满足站内所有设备的对时精度要求。扩展装置的数量应根据二次设备的布置及工程规模确定。该系统预留地基时钟源接口。

（2）时间同步系统对时范围包括监控系统站控层设备、保护装置、测控装置、故障录波、合并单元、智能终端及站内其他智能设备等。

（3）站控层设备采用 SNTP 对时方式。间隔层设备采用 IRIG-B 对时方式，条件具备时也可采用 IEC 61588 网络对时。

（4）过程层设备同步：当采样值传输采用点对点方式时，合并单元采样值同步应不依赖于外部时钟。当采样值传输采用组网方式时，合并单元采样值同步采用 IRIG-B 方式（条件具备时也可采用 IEC 61588 网络对时），合并单元布置于户内配电装置场地时，时钟输入采用电信号；合并单元下放布置于户外配电装置场地时，时钟输入采用光信号。采样的同步误差应不大于 ±1μs。

3.3.4.8 辅助设备智能控制系统

全站配置一套辅助设备智能控制系统，包含一次设备在线监测子系统、火灾消防子系统、安全防卫子系统、动环子系统、智能锁控子系统、智能巡视子系统等，实现一次设备在线监测、火灾报警、安全警卫、动力环境监视及控制、智能锁控、图像监视信息的分类存储、智能联动及综合展示等功能。

辅助设备智能控制系统由综合应用服务器、智能巡视主机，各子系统监测终端及传感器、通信设备等组成。采用分层、分布式网络架构，组建单网，划分为安全Ⅱ区和安全Ⅳ区。

综合应用服务器及智能巡视主机集成整合相应安全区的子系统主机功能，完成数据采集、数据处理、状态监视、设备控制、智能应用及综合展示等功能。Ⅱ区、Ⅳ区网关机（选配）等设备实现与运维主站数据的交互。

辅助设备智能控制系统具体功能要求应符合《35～750kV 变电站辅助设备智能监控系统设计方案》的规定。

依据变电站反恐防范要求，常态二级和常态三级防范，变电站智能巡视及安全防卫子系统不仅应具备视频监控、入侵功能和紧急报警功能，还应具备电子巡查功能。常态一级防范在常态二级防范要求基础上配置 1 套固定式反无人机主动防御系统。

3.3.4.9 二次设备模块化布置

3.3.4.9.1 二次设备模块划分原则

二次设备应最大程度实现工厂内规模生产、集成、调试、模块化配送，实现二次接线"即插即用"，有效减少现场安装、接线、调试工作，提高建设质量、效率。

（1）站控层设备模块：包含监控系统站控层设备、调度数据网络设备、二次系统安全防护设备等。

（2）公用设备模块：包含公用测控装置、时钟同步系统、电能量计量系统、故障录波装置、网络记录分析装置、辅助设备智能控制系统等。

（3）通信设备模块：包含光纤系统通信设备、站内通信设备等。

（4）一体化电源系统模块：包含站用交流电源、并联型直流电源系统、交流不间断电源（UPS）、逆变电源（INV）及监控装置等。

（5）110kV间隔设备模块：包含110kV线路（分段）保护测控集成装置、110kV母线保护、电能表、110kV公用测控装置与交换机等。

（6）主变压器间隔层设备模块：包含主变压器保护装置、主变压器测控装置、电能表等。

3.3.4.9.2 二次设备模块布置原则

110kV户内变电站，站控层设备模块、公用设备模块、通信设备模块、主变压器间隔模块与一体化电源系统模块等布置于装配式建筑内；110kV间隔层设备按间隔配置，分散布置于就地预制式智能控制柜内。

3.3.4.9.3 二次设备组柜原则

（1）站控层设备组柜原则。

1）2台监控主机兼操作员、工程师工作站与数据服务器组1面柜。

2）1台综合应用服务器、1台Ⅱ区数据通信网关机、1台Ⅳ区数据通信网关机（若有）、正反向隔离装置与网络安全监测装置组1面柜。

3）2台Ⅰ区数据通信网关机与防火墙组1面柜。

4）1台智能防误主机组1面柜。

5）公用设备（各电压等级公用测控装置）、站控层网络交换机组1面柜。

（2）间隔层设备组柜原则。

1）110kV线路间隔。110kV线路保护测控装置+110kV线路电能表布置于线路间隔智能控制柜内。

2）110kV分段间隔。110kV分段保护测控装置+110kV备自投装置布置于分段间隔智能控制柜内。

3）110kV母线保护。110kV母线保护组1面柜。

4）主变压器间隔。

a. 主变压器电量保护：主变压器保护装置+过程层交换机，组1面柜；

b. 主变压器测控：主变压器各侧测控装置，组1面柜；

c. 主变压器电能表柜：全站主变压器各侧的电能表+电能量采集装置，组柜1面。

5）35/10kV保护、测控集成装置，分散就地布置于开关柜。

6）35/10kV公用测控分散布置于开关柜或组柜就地布置于开关柜室。

（3）过程层设备组柜原则。

1）110kV侧合并单元智能终端集成装置布置于智能控制柜内。

2）主变压器35/10kV侧合并单元智能终端集成装置布置于开关柜内。

（4）网络设备组柜原则。

1）站控层不单独设置网络交换机柜，站控层网络设备与公用设备共同组1面柜。

2）过程层不单独设置过程层网络交换机柜，过程层中心交换机与110kV母线保护共同组柜。

3）35/10kV站控层交换机分散布置在各母线设备开关柜上。

（5）其他二次系统组柜原则。

1）故障录波及网络分析系统。故障录波装置组1面柜，网络记录分析装置组1面柜。

2）时钟同步系统。时钟同步系统组1面柜。

3）辅助设备智能控制系统。辅助设备智能控制系统组屏安装。

4）交直流一体化电源系统。交直流一体化电源系统组柜安装。

5）电能计量系统。计费关口表每6块组一面柜。电能量采集终端与主变压器各侧电能表共同组柜。

6）预留屏柜。二次设备室内预留2～3面屏柜，按终期规模的10%～15%预留。

3.3.4.9.4 柜体统一要求

根据配电装置型式选择不同型式的屏柜，断路器汇控柜与智能控制柜一体化设计。

（1）柜体要求。

1）全站二次系统设备柜体颜色应统一。

2）二次设备室内二次设备采用后接线、前显示装置。

3）间隔层二次设备、通信设备及直流设备等二次设备采用后接线设备时，站控层服务器柜采用 2260mm×600mm×900mm（高×宽×深）屏柜，站用变柜及并联直流电源柜采用 2260mm×800mm×600mm（高×宽×深）屏柜，其余屏柜采用 2260mm×600mm×600mm（高×宽×深）屏柜。

（2）预制式智能控制柜要求。

1）柜体颜色，全站智能控制柜体颜色应统一。

2）柜体要求。

a. 采用双层不锈钢结构，内层密闭，夹层通风；当采用户外布置时，柜体的防护等级至少应达到 IP55。

b. 具有散热和加热除湿装置，在温湿度达到预设条件时启动。

c. 预制式智能控制柜内部的环境能够满足智能终端等二次元件的长年正常工作温度、电磁干扰、防水防尘条件，不影响其运行寿命。

3.3.4.10 互感器二次参数要求

3.3.4.10.1 对电流互感器的要求

采用常规电流互感器时，配置合并单元，合并单元下放布置在预制式智能控制柜内。电流互感器二次参数见表 3－4。

表 3－4　　　　　　　　电流互感器二次参数一览表

电压（kV）	110	35（10）
主接线	单母线分段	单母线分段
二次额定电流	5A 或 1A	5A 或 1A
准确级	主变压器进线：5P/5P/0.2S/0.2S 出线：5P/0.2S/0.2S 分段：5P/0.2S	主变压器进线：5P/5P/0.2S/0.2S 出线、电容器、站用变压器：5P/0.2/0.2S 分段：5P/0.2 主变压器中性点、间隙：5P/5P
二次绕组数	主变压器进线：4 出线：3 分段：2	出线、电容器、站用变压器：3 分段：2 主变压器高压侧中性点、间隙：2
二次绕组容量 （按 5A 考虑）	推荐值：计量绕组 5VA、其他绕组 15VA。可按计算结果选择。按计算结果选择	推荐值：计量绕组 5VA、其他绕组 15VA。可按计算结果选择。按计算结果选择

3.3.4.10.2 对电压互感器的要求

采用常规电压互感器配置合并单元时，合并单元下放布置在预制式智能控制柜内。电压互感器二次参数见表 3－5。

表 3－5　　　　　　　　电压互感器二次参数一览表

电压（kV）	110	35（10）
主接线	单母线分段	单母线分段
数量	母线：三相 出线：三相	母线：三相
准确级	母线： 0.2/0.5（3P）/0.5（3P）/3P 线路： 0.2/0.5（3P）/0.5（3P）/3P 主变压器进线： 0.2/0.5（3P）/0.5（3P）/3P	母线： 0.2/0.5（3P）/0.5（3P）/3P
二次绕组数	母线：4 出线：4 主变压器进线：4	4
额定变比	母线、线路、主变侧： $\frac{110}{\sqrt{3}}/\frac{0.1}{\sqrt{3}}/\frac{0.1}{\sqrt{3}}/\frac{0.1}{\sqrt{3}}/0.1$	$\frac{10}{\sqrt{3}}/\frac{0.1}{\sqrt{3}}/\frac{0.1}{\sqrt{3}}/\frac{0.1}{\sqrt{3}}/\frac{0.1}{3}$
二次绕组容量	推荐值：10/20/30VA 按计算结果选择	推荐值：30VA 按计算结果选择

3.3.4.11 光/电缆选择

3.3.4.11.1 光缆选择要求

（1）光缆选择应符合 Q/GDW 11155—2014《智能变电站预制光缆技术规范》。

（2）采样值和保护 GOOSE 等可靠性要求较高的信息传输应采用光纤。

（3）光缆起点、终点在同一智能控制柜内并且同属于继电保护的同一套保护测控集成装置、合并单元、智能终端、过程层交换机等多个装置，可合用同一根光缆进行连接。

（4）跨房间、跨场地不同屏柜间二次装置连接采用室外双端预制光缆。

（5）二次设备室内部屏柜间光缆接线全部有集成商在工厂内完成。现场施工采用预制光缆实现二次光缆接线即插即用。

（6）光缆选择。

1）光缆的选用根据其传输性能、使用的环境条件决定。

2）除线路纵联保护专用光纤外，其余采用缓变型多模光纤。

3）室外预制光缆选用铠装、阻燃型，自带高密度连接器或分支器。光缆芯数选用 8 芯、12 芯、24 芯。

4）室内不同屏柜间二次装置连接采用尾缆或软装光缆，尾缆（软装光缆）采用 4 芯、8 芯、12 芯规格。柜内二次装置间连接采用跳纤，柜内跳线采用单芯或多芯跳纤。

5）每根光缆或尾缆应至少预留 2 芯备用芯，一般预留 20%备用芯。

6）应准确测算预制光缆敷设长度，避免出现光缆长度不足或过长情况。可利用柜体底部或特制槽盒两种方式进行光缆余长收纳。

7）应根据室外光缆、尾缆、跳纤不同的性能指标、布线要求预先规划合理的柜内布线方案，有效利用线缆收纳设备，合理收纳线缆余长及备用芯，满足柜内布线整洁美观、柜内布线分区清楚、线缆标识明晰的要求，便于运行维护。

8）室外光缆、尾缆从屏柜底部两侧或中间开孔进入，合理分配开孔数量，在屏柜两侧布线。

3.3.4.11.2 网线选择要求

二次设备室内通信联系采用超五类屏蔽双绞线。

3.3.4.11.3 电缆选择及敷设要求

（1）电缆选择及敷设的设计应符合 GB 50217—2018《电力工程电缆设计标准》及 Q/GDW 11154—2014《智能变电站预制电缆技术规范》的规定。

（2）为增强抗干扰能力，机房和小室内强电和弱电线应采用不同的走线槽进行敷设。

（3）主变压器、GIS 本体与智能控制柜之间二次控制电缆采用预制电缆连接。当电流互感器与智能控制柜之间二次控制电缆采用预制电缆时，应考虑防止电流互感器二次开路的措施。交直流电源电缆可视工程情况选用预制电缆。

（4）当一次设备本体至就地控制柜间路径满足预制电缆敷设要求时（全程无电缆穿管），优先选用双端预制电缆。应准确测算双端预制电缆长度，避免出现电缆长度不足或过长情况。预制电缆余长应有足够的收纳空间。

3.3.4.12 二次设备的接地、防雷、抗干扰

二次设备防雷、接地和抗干扰应满足 GB/T 50065—2011《交流电气装置的接地设计规范》及 DL/T 5136—2012《火力发电厂、变电站二次接线设计技术规程》的规定。

3.3.5 土建部分

3.3.5.1 站址基本条件

海拔 2000m 以下，抗震设防烈度 8 度，设计基本地震加速度 0.20g，设地震分组第二组，重现期 50 年的设计基本风速为 30m/s，天然地基，地基承载力特征值 $f_{ak}=150$kPa，无地下水影响，场地同一标高。

3.3.5.2 总布置

3.3.5.2.1 总平面布置

变电站的总平面布置应根据生产工艺、运输、防火、防爆、保护和施工等方面的要求，按远期规模对站区的建（构）筑物、管线及道路进行统筹安排，工艺流畅。

变电站大门及道路的设置应满足主变压器、大型装配式预制件、预制舱式二次组合设备等整体运输。

3.3.5.2.2 站内道路

站内道路形成环形道路或结合市政道路形成环形布置，变电站大门面向站内主变压器运输道路。

站内主变压器运输道路及消防道路宽度为 4m，转弯半径不小于 9m。

站内道路采用城市型道路，可采用混凝土路面或沥青路面。

3.3.5.2.3 场地处理

屋外配电装置场地采用碎石地坪，设备操作区及巡视区域采用铺砌块地坪，湿陷性黄土场地应设置灰土封闭层。

3.3.5.3 装配式建筑物

3.3.5.3.1 建筑结构

（1）建筑、结构专业应与建材供应商、施工安装单位等开展一体化协同设计，提高建筑设计精度。

（2）建筑物结构型式宜采用钢框架结构；当屋面恒载、活载均不大于 0.7kN/m²，基本风压不大于 0.7kN/m² 时可采用轻型钢结构。

（3）单层建筑的柱间距推荐采用 6～7.5m，多层建筑的柱间距应根据电气工艺布置进行优化，柱距宜控制在 2～3 种。

（4）当施工对主体结构的受力和变形有较大影响时，应进行施工验算。

（5）钢结构构件均应进行防腐和防火处理。

（6）采用钢框架建筑物主体结构的框架梁与框架柱、主梁与次梁、围护结构的次檩条与主檩条（或龙骨）、围护结构与主体结构、雨篷挑梁与雨篷梁、

雨篷梁与主体框架柱之间宜采用全螺栓连接。

3.3.5.3.2 外围护墙体

（1）应选用节能环保、经济合理的材料；应满足保温、隔热、防水、防火、强度及稳定性要求。

（2）墙板尺寸应根据建筑外形进行排版设计，减少墙板长度和宽度种类，在满足荷载及温度作用的前提下，结合生产、运输、安装等因素确定，避免现场裁剪、开洞；采用工业化生产的成品，减少现场叠装，避免现场涂刷，便于安装。

（3）外围护墙体开孔应提前在工厂完成，并做好切口保护，避免板中心开洞；洞口应采取收边、加设具有防水功能的泛水、涂密封胶等防水措施。建筑物转角处宜采用一体转角板。

（4）外围护墙体应根据使用环境条件合理选用，宜采用一体化铝镁锰复合墙板或一体化纤维水泥集成板等一体化墙板。强腐蚀性地区宜优先选用水泥基板材。

（5）应根据使用条件合理选择墙体中间保温层材料及厚度。

（6）用于防火墙时，应满足 3h 耐火极限。

（7）一体化铝镁锰复合外墙。

外墙板采用一体化铝镁锰复合墙板，为三层结构金属夹芯板，工厂一体化加工，四面启口，外层采用铝镁锰合金板，表面氟碳辊涂，中间保温层采用岩棉，内层采用镀锌钢板。

墙板推荐采用横向排板，推荐宽度为 0.9m 或 1m，长度为 3～5m。外墙板缝处宜采用隐钉式连接，无外露栓钉，拼缝处采用密封胶密封处理。

（8）一体化纤维水泥集成外墙。由外墙板＋中间骨架填充保温层组成，外墙板为纤维水泥饰面板，中间为型钢骨架，内部填充岩棉保温层。内外面板、骨架系统和保温材料等在工厂内集成，整体加工，现场直接挂板安装，无需施工檩条。

可采用横排版或竖排版。墙板推荐宽度为 1200mm 或 2400mm，推荐长度寸为 3000mm 或 6000mm。板缝处采用长寿命密封胶密封。

3.3.5.3.3 内隔墙

（1）建筑内隔墙宜采用纤维水泥复合墙板、轻钢龙骨石膏板或一体化纤维水泥集成墙板。

（2）纤维水泥复合墙板由两侧面板＋中间保温层组成。面板采用纤维水泥饰面板；中间保温层采用岩棉或轻质条板。内墙板板间启口处采用白色耐候硅硐胶封缝。

（3）轻钢龙骨石膏板为三层结构，现场复合，由两侧石膏板和中间保温层组成，中间保温层采用岩棉，石膏板层数和保温层厚度根据内隔墙耐火极限需求确定，外层应有饰面效果。内隔墙与地面交接处，设置防潮垫块或在室内地面以上 150～200mm 范围内将内隔墙龙骨采用混凝土进行包封，防止石膏板遇水受潮变形。

（4）内隔墙排版应根据墙体立面尺寸划分，减少墙板长度和宽度种类。

3.3.5.3.4 楼板及屋面板

（1）钢框架结构屋面宜采用钢筋桁架楼承板，楼面宜采用压型钢板为底模的现浇楼板或钢筋桁架楼承板；轻型门式刚架结构屋面材料宜采用锁边压型钢板，满足 I 级防水要求。

（2）钢筋桁架楼承的底板宜采用镀锌钢板，厚度不小于 0.5mm，采用咬口式搭缝构造，底模的连接宜采用圆柱头栓钉将压型钢板与钢梁焊接固定。

3.3.5.3.5 门窗、楼梯

（1）门窗尺寸应根据墙板规格进行设计，减少墙板的切割开洞，外窗尽量避免跨板布置。

（2）外门窗宜采用断桥铝合金门窗或塑钢门窗，外门窗玻璃宜采用中空玻璃。

（3）当建筑物采用一体化墙板时，GIS 室宜在满足密封、安全、防火、节能的前提下采用可拆卸式墙体，不设置设备运输大门。墙体大小应满足设备运输要求，并方便拆卸安装。

3.3.5.3.6 装饰装修

房间内部装修材料应符合 GB 50222—2017《建筑内部装修设计防火规范》要求，并参考《国网宁夏电力有限公司变电站标准化装修方案》设计。

3.3.5.3.7 管线敷设

（1）管线敷设设计应在建筑墙体排版设计时同步开展，提前规划预留相关洞口，满足工厂加工要求。

（2）采用暗敷时，线缆应穿管并应敷设在不燃性结构内，且保护层厚度不应小于 30mm。对具有预埋电气穿管的结构构件应进行标准化、模块化的设计，根据管线敷设路径预留敷设及操作空间。

（3）采用一体化纤维水泥集成墙板时，室内管线宜明敷。采用水平主槽盒加竖向分支槽盒的布置方式。水平主槽盒采用支架/托架固定在框架梁上，用于总线敷设；竖向分支槽盒沿柱和墙的拐角处敷设，固定在墙板上，用于线缆引下。墙面开关、灯具等设备尽量采用集中布置。线缆槽盒应采取防火保护措施。

3.3.5.4 装配式构筑物

3.3.5.4.1 围墙及大门

围墙采用装配式实体围墙，围墙柱宜采用预制钢筋混凝土柱。预制钢筋混凝土柱采用工字形，截面尺寸不宜小于 250mm×250mm；围墙墙体宜采用预制墙板，围墙顶部宜设预制压顶。

变电站大门采用钢制实体电动大门。

3.3.5.4.2 防火墙

（1）防火墙宜采用现浇框架，根据主变压器构架柱根开和防火墙长度设置钢筋混凝土现浇柱。

（2）防火墙墙体宜采用预制墙板，耐火极限不低于 3h。

（3）防火墙柱基础宜采用独立基础。

3.3.5.4.3 电缆沟

（1）电缆沟采用预制式电缆沟体，沟壁应高出场地地坪 100mm，沟宽采用 800、1100、1400mm。

（2）电缆沟盖板采用预制电缆沟盖板，大风沙地区盖板应采用防沙型盖板。

3.3.5.4.4 构、支架

（1）构架柱采用钢管结构，构架梁宜采用三角形格构式钢梁；构件采用螺栓连接，梁柱连接宜采用铰接，构架柱与基础采用地脚螺栓连接。110kV 出线构架采用两回一跨共用构架，主变压器构架与防火墙联合布置。

（2）避雷针设计应统筹考虑站址环境条件、配电装置构架结构型式等，采用格构式避雷针，避雷针钢材设计应满足材料冲击韧性的要求。

（3）钢结构防腐采用必要的防腐、防火措施。

3.3.5.4.5 设备基础

（1）主变压器基础宜采用筏板基础＋支墩的基础形式，主变压器油坑尺寸根据设备尺寸确定，应满足相关规程要求。

（2）GIS 设备基础宜采用筏板＋支墩的基础型式。

（3）变电站（含新建、改扩建）0m 以下的小型基础（包括庭院灯、检修箱、控制箱、端子箱、空调外机基础等）、小型构件（包括雨水井、阀门井、检查井等井盖与泛水，电缆沟、雨水沟等沟盖板，建筑物散水等）预制化率 100%。

3.3.5.5 暖通、水工、消防

3.3.5.5.1 暖通

变电站配电装置室设置分体柜式冷暖空调，其他房间可根据使用需要采用壁挂式空调。

变电站电气设备间室设置机械排风系统，其他房间均为自然通风。采用 SF_6 气体绝缘设备的配电装置室内应配置 SF_6 气体探测器。

变电站所有房间均采用分散电采暖设备。

采暖通风系统与消防报警系统应能联动闭锁，同时具备自动启停、现场控制和远方控制的功能。

3.3.5.5.2 水工

水源优先采用市政管网引接。

站区雨水采用有组织排水系统收集后排入市政雨水管网或站外排水设施；生活污水采用化粪池收集后排入市政污水管网，不具备外排条件的应定期处理。

主变压器设有油水分离式总事故油池，事故油池有效容积应按不小于最大单台主变压器油量的 100%考虑。

3.3.5.5.3 消防

变电站消防设计应执行 GB 50229—2019《火力发电厂及变电站设计防火标准》、GB 50016—2014《建筑设计防火规范（2018 年版）》、GB 55036—2022《消防设施通用规范》、GB 55037—2022《建筑防火通用规范》相关规定。

主变压器消防采用推车式干粉灭火器及消防沙箱，配电装置室及电气设备采用移动式化学灭火器。电缆从室外进入室内的入口处，应采取防止电缆火灾蔓延的阻燃及分隔的措施。

户内、半户内方案设置室内外消火栓系统，变电站内设消防水池及消防水泵房，消防水池容量应满足国家规程规范及生产运行需要。

站内设置火灾报警及控制系统，报警信号上传至地区监控中心及相关单位。

3.3.6 主要图纸

NX－110－B－1 方案主要图纸见图 3－1～图 3－5。

NX－110－A2－6 方案主要图纸见图 3－6～图 3－9。

NX－110－A3－2 方案主要图纸见图 3－10～图 3－13。

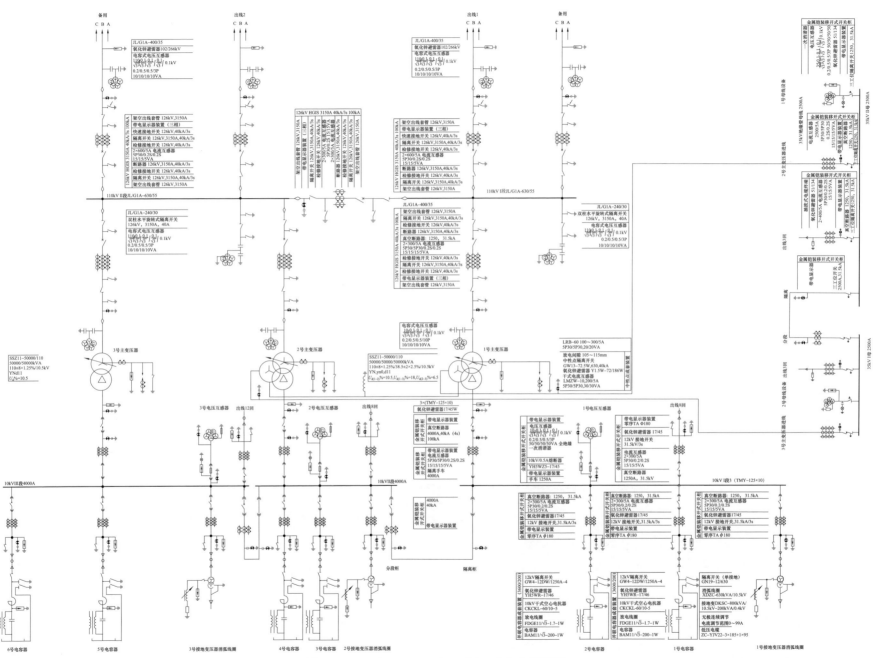

图 3-1　NX-110-B-1（35&10）　电气主接线图

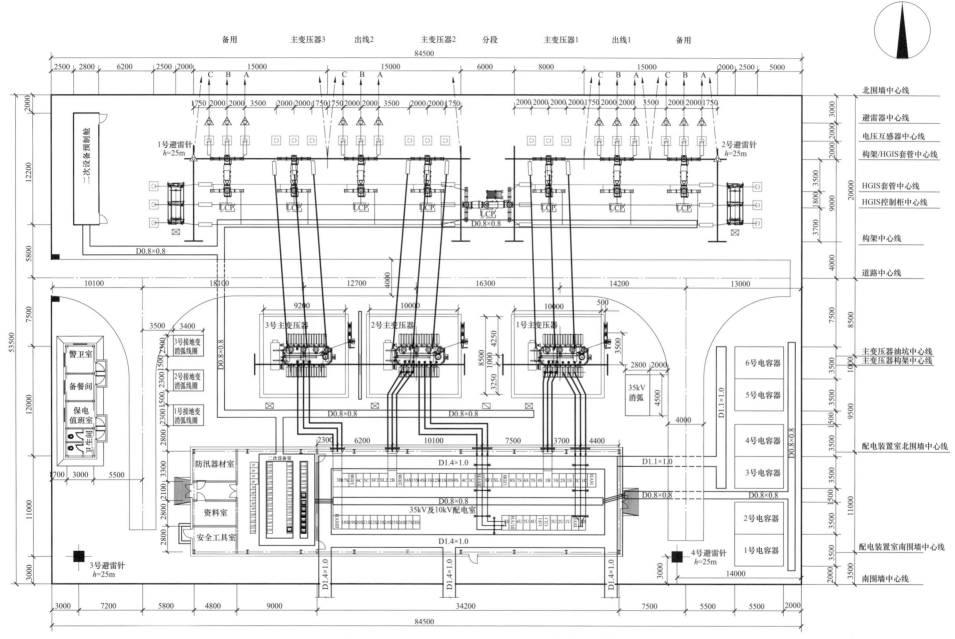

图 3-2　NX-110-B-1（35&10）　电气总平面布置图

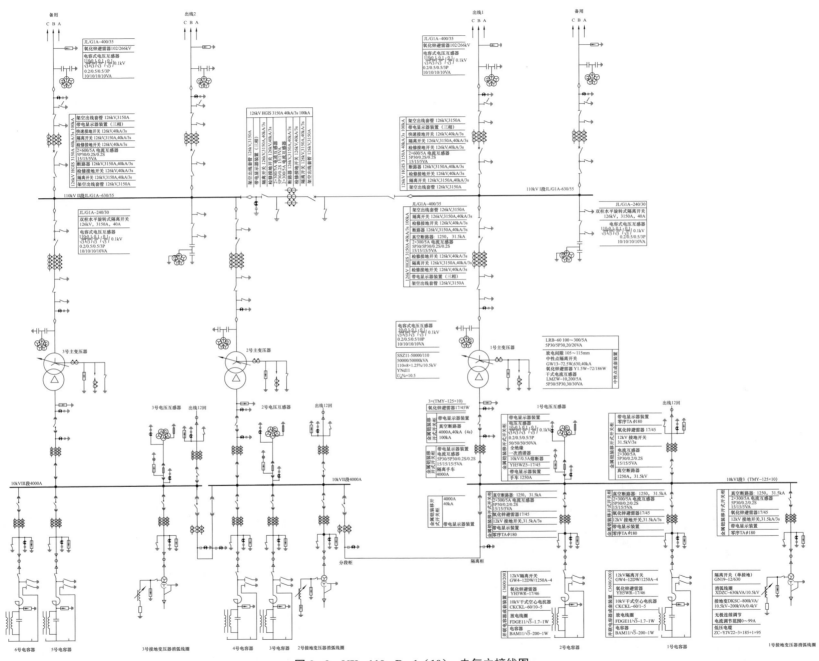

图 3-3　NX-110-B-1（10）　电气主接线图

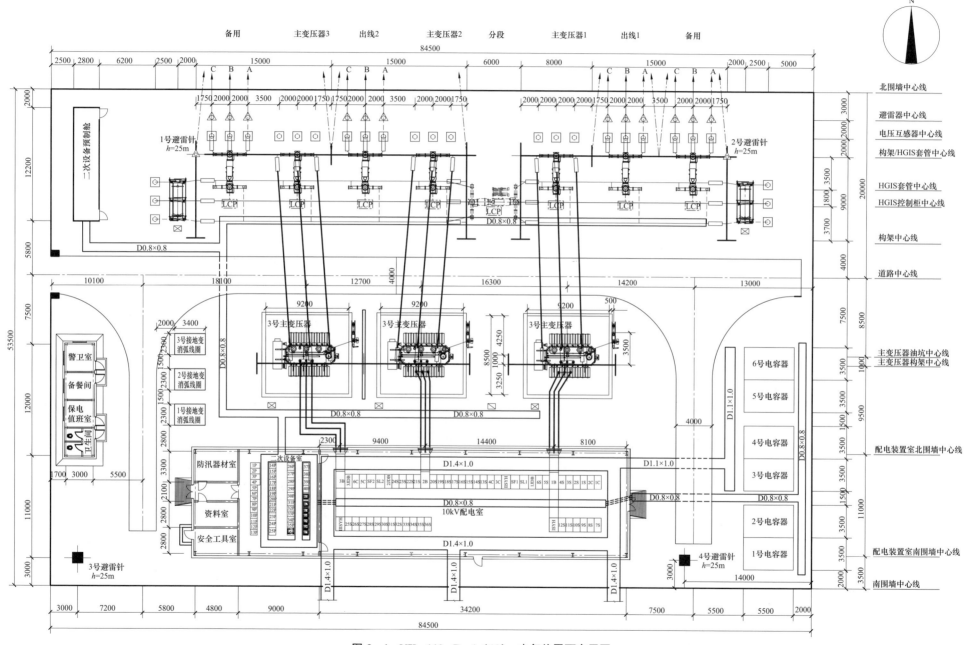

图 3-4 NX-110-B-1（10） 电气总平面布置图

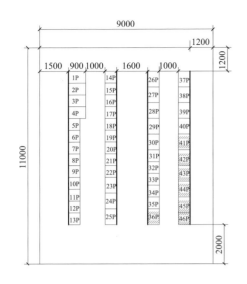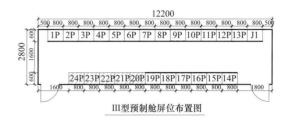

III型预制舱屏位布置图

说明：实线为本期屏柜,阴影部分为备用屏位,粗线所示为屏的正面.

二次设备室设备材料表

序号	名称	型式	单位	数量	序号	名称	型式	单位	数量
1P	监控主机柜	2260×600×900mm	面	1	22P	事故照明电源柜馈线柜	2260×600×600mm	面	1
2P	综合应用服务器、Ⅳ区数据通信网关机柜	2260×600×900mm	面	1	23P	第三组直流电源馈线柜	2260×800×600mm	面	1
3P	智能防误主机柜	2260×600×900mm	面	1	24～25P	第三组直流电源柜	2260×800×600mm	面	2
4P	综合数据网接入设备柜	2260×600×900mm	面	1	26～29P	第二组直流电源柜	2260×800×600mm	面	4
5P	Ⅰ区数据通信网关机柜	2260×600×600mm	面	1	30P	UPS 电源馈线柜	2260×800×600mm	面	1
6P	调度数据网接入设备柜1	2260×600×600mm	面	1	31P	第二组直流电源馈电柜1	2260×600×600mm	面	1
7P	调度数据网接入设备柜2	2260×600×600mm	面	1	32P	第二组直流电源馈电柜2	2260×600×600mm	面	1
8P	公用测控及站控层交换机柜	2260×600×600mm	面	1	33P	智能辅助控制系统柜	2260×600×600mm	面	1
9P	时间同步系统柜	2260×600×600mm	面	1	34～35P	10kV 消弧线圈控制柜	2260×600×600mm	面	2
10P	35kV 公用测控柜	2260×600×600mm	面	1	36P	备用柜	2260×800×600mm	面	1
11P	10kV 公用测控柜	2260×600×600mm	面	1	37P	交流进线柜	2260×800×600mm	面	1
12P	低频低压减载柜	2260×600×600mm	面	1	38～40P	交流馈线柜	2260×800×600mm	面	1
13P	电能量采集终端柜	2260×600×600mm	面	1	41～45P	备用柜	2260×800×600mm	面	5
14～21P	通信柜	2260×600×600mm	面	8	46P	备用柜	2260×600×600mm	面	1

III型预制舱设备材料表

序号	名称	型式	单位	数量	序号	名称	型式	单位	数量
1P	110kV 线路保护测控柜 1	2260×800×600mm	面	1	11P	3 号主变压器测控柜	2260×800×600mm	面	1
2P	110kV 线路保护测控柜 2	2260×800×600mm	面	1	12P	主变压器电能表柜	2260×800×600mm	面	1
3P	110kV 分段保护测控及备自投柜	2260×800×600mm	面	1	13P	扩展同步时钟对时柜	2260×800×600mm	面	1
4P	110kV 母线保护柜	2260×800×600mm	面	1	14P	故障录波柜	2260×800×600mm	面	1
5P	公用及 110kV 母线测控柜	2260×800×600mm	面	1	15P	网络分析系统柜	2260×800×600mm	面	1
6P	1 号主变压器保护柜	2260×800×600mm	面	1	16～17P	第一组并联直流电源柜	2260×800×600mm	面	2
7P	1 号主变压器测控柜	2260×800×600mm	面	1	18P	第一组并联直流馈线屏 1	2260×800×600mm	面	1
8P	2 号主变压器保护柜	2260×800×600mm	面	1	19P	第一组并联直流馈线屏 2	2260×800×600mm	面	1
9P	2 号主变压器测控柜	2260×800×600mm	面	1	20～24P	备用	2260×800×600mm	面	（5）
10P	3 号主变压器保护柜	2260×800×600mm	面	1	J1	集中接线柜	2260×800×600mm	面	1

图 3-5 NX-110-B-1 预制舱与二次设备室平面布置图

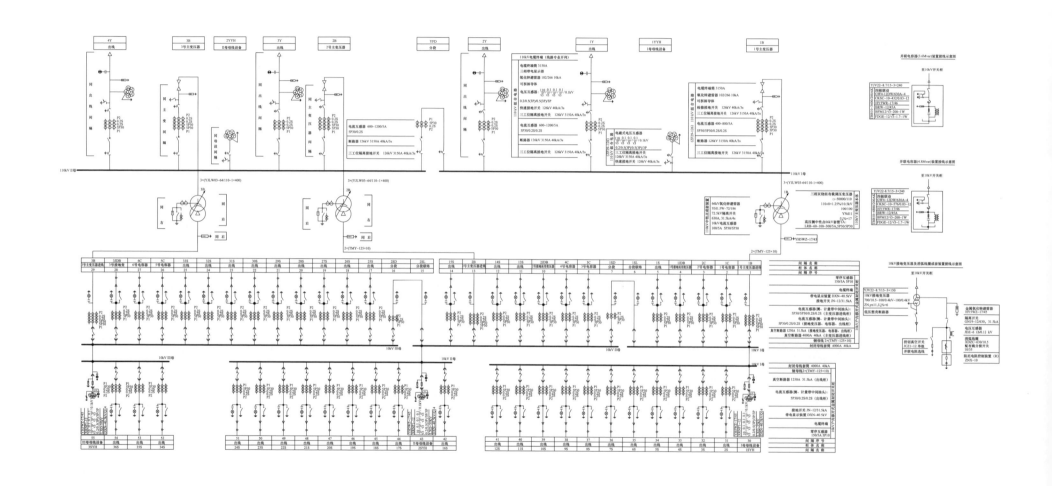

图 3-6 NX-110-A2-6 电气主接线图

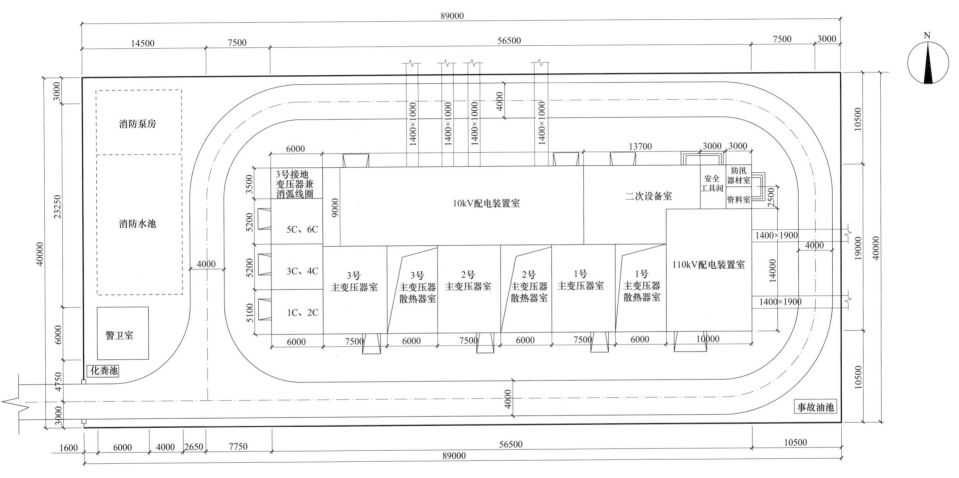

图 3-7　NX-110-A2-6　电气总平面布置图

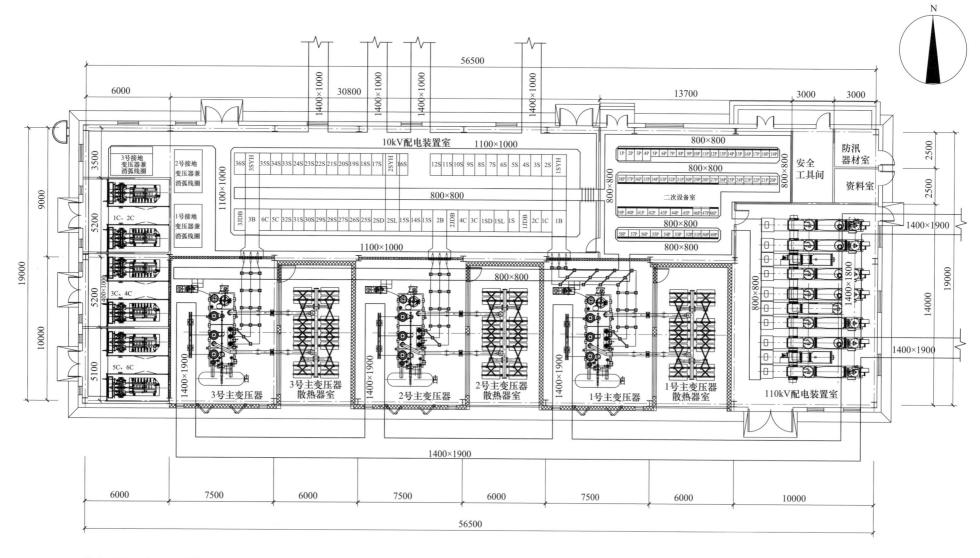

图 3-8　NX-110-A2-6　配电装置室平面布置图

设 备 表

序号	名称	型式	单位	数量	备注
		电气二次设备室			
1P	监控主机柜	2260×600×900	面	1	
2P	智能防误主机柜	2260×600×900	面	1	
3P	综合应用服务器、Ⅱ区数据通信网关机柜	2260×600×900	面	1	
4P	综合数据网接入设备柜	2260×600×900	面	1	
5P	Ⅰ区数据通信网关机柜	2260×600×600	面	1	
6P	公用测控及站控层交换机柜	2260×600×600	面	1	
7P	时间同步系统柜	2260×600×600	面	1	
8P	调度数据网接入设备柜1	2260×600×600	面	1	
9P	调度数据网接入设备柜2	2260×800×600	面	1	
10P	主变电能表及电能量采集柜	2260×800×600	面	1	
11P	110kV 母线保护柜	2260×600×600	面	1	
12P	#1 主变保护柜	2260×600×600	面	1	
13P	#1 主变测控柜	2260×600×600	面	1	
14P	#2 主变保护柜	2260×600×600	面	1	
15P	#2 主变测控柜	2260×600×600	面	1	
16P	#3 主变保护柜	2260×600×600	面	1	
17P	#3 主变测控柜	2260×600×600	面	1	
18P	故障录波柜	2260×600×600	面	1	
19P	网络报文分析柜	2260×600×600	面	1	
20～26P	备用柜	2260×600×600	面	(7)	
27P	低周低压减载柜	2260×600×600	面	1	
28P	智能辅助控制系统柜	2260×600×600	面	1	
29～38P	通信柜	2260×600×600	面	1	
39P	通信直流馈线柜	2260×600×600	面	1	
40～41P	第三组并联直流电源柜	2260×800×600	面	2	
42P	交流进线柜	2260×800×600	面	1	
43P	交流馈线柜1	2260×800×600	面	1	
44P	交流馈线柜2	2260×800×600	面	1	
45P	交流馈线柜3	2260×800×600	面	1	
46～47P	消弧消谐控制屏	2260×600×600	面	2	
48P	集中接线柜	2260×600×600	面	1	
49P	事故照明电源柜	2260×600×600	面	1	
50P	UPS 电源柜	2260×600×600	面	1	
51P	直流馈线柜一	2260×600×600	面	1	
52P	直流馈线柜二	2260×600×600	面	1	
53P	第一组并联直流电源柜	2260×800×600	面	3	
54P	第二组并联直流电源柜	2260×800×600	面	3	

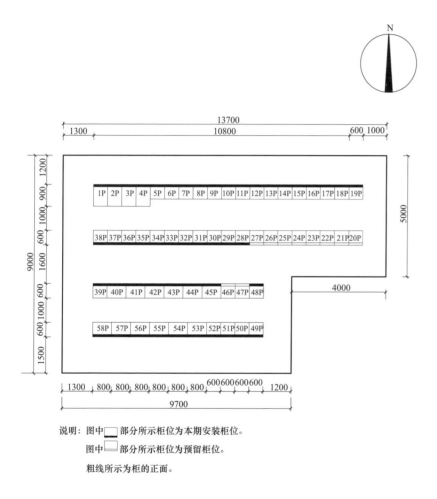

说明：图中 ▢ 部分所示柜位为本期安装柜位。

图中 ▢ 部分所示柜位为预留柜位。

粗线所示为柜的正面。

图 3−9 NX−110−A2−6 二次设备室平面布置图

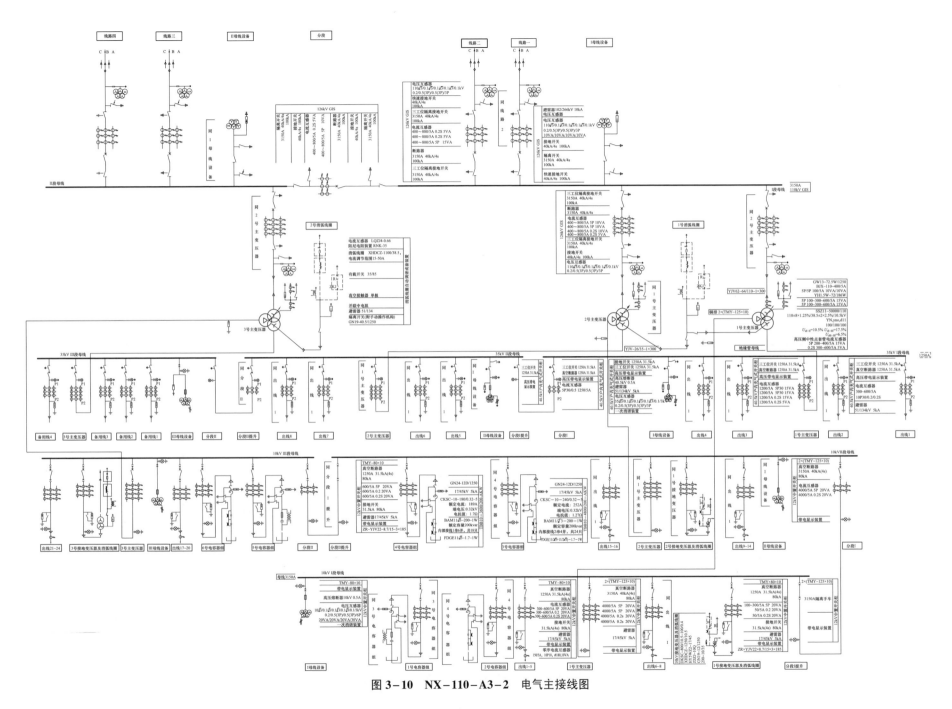

图 3-10　NX-110-A3-2　电气主接线图

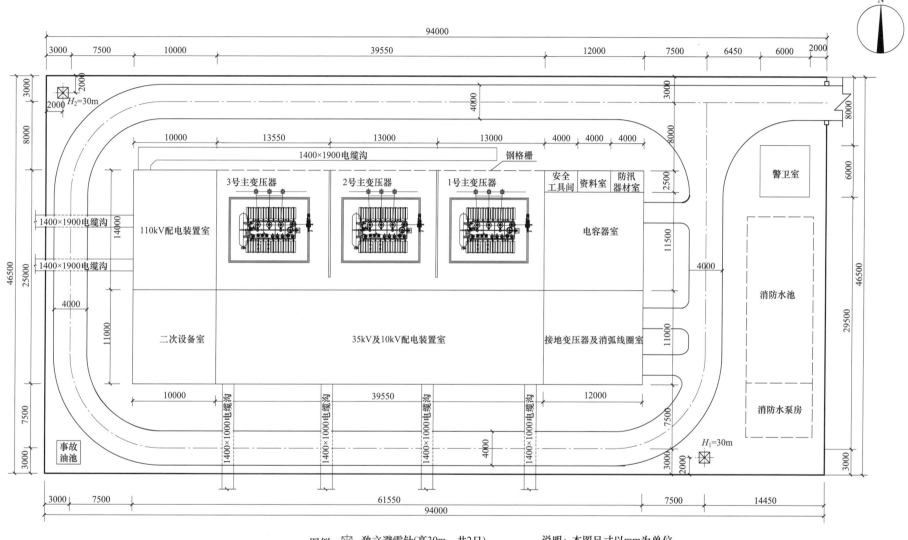

图例： 独立避雷针(高30m，共2只)　　　　说明：本图尺寸以mm为单位。

智能组件柜(2台)

检修电源箱(1台)

图 3-11　NX-110-A3-2　电气总平面布置图

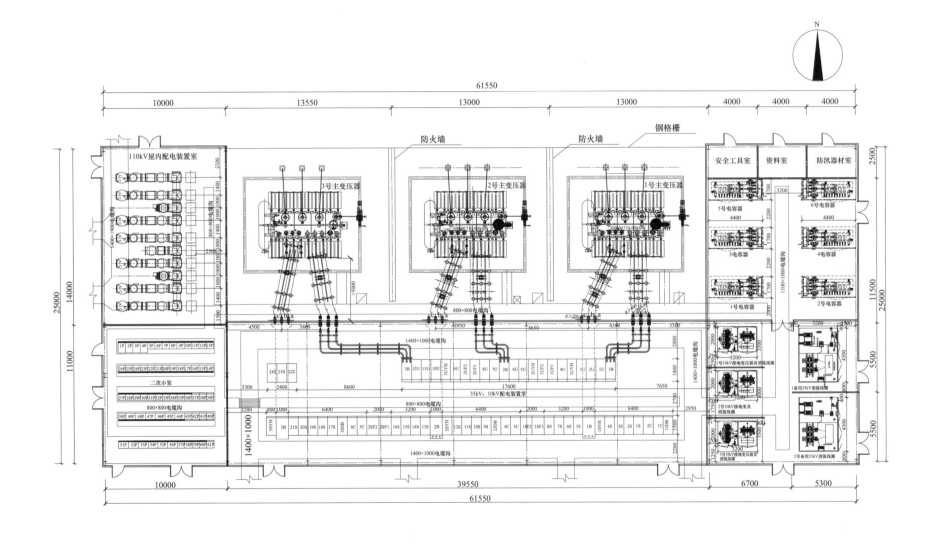

图 3-12　NX-110-A3-2　配电装置室平面布置图

　国网宁夏电力有限公司 35～110kV 输变电工程典型施工图通用设计

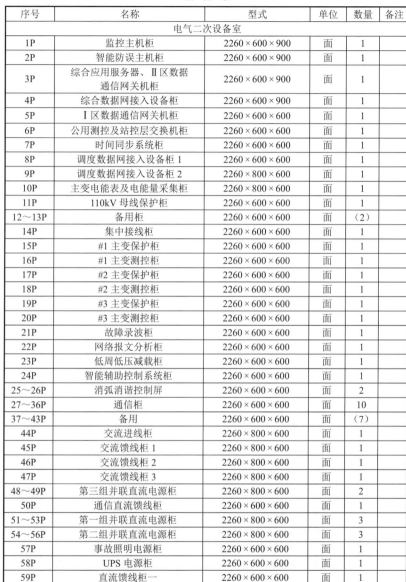

序号	名称	型式	单位	数量	备注
电气二次设备室					
1P	监控主机柜	2260×600×900	面	1	
2P	智能防误主机柜	2260×600×900	面	1	
3P	综合应用服务器、Ⅱ区数据通信网关机柜	2260×600×900	面	1	
4P	综合数据网接入设备柜	2260×600×900	面	1	
5P	Ⅰ区数据通信网关机柜	2260×600×600	面	1	
6P	公用测控及站控层交换机柜	2260×600×600	面	1	
7P	时间同步系统柜	2260×600×600	面	1	
8P	调度数据网接入设备柜1	2260×600×600	面	1	
9P	调度数据网接入设备柜2	2260×800×600	面	1	
10P	主变电能表及电能量采集柜	2260×800×600	面	1	
11P	110kV母线保护柜	2260×600×600	面	1	
12～13P	备用柜	2260×600×600	面	(2)	
14P	集中接线柜	2260×600×600	面	1	
15P	#1主变保护柜	2260×600×600	面	1	
16P	#1主变测控柜	2260×600×600	面	1	
17P	#2主变保护柜	2260×600×600	面	1	
18P	#2主变测控柜	2260×600×600	面	1	
19P	#3主变保护柜	2260×600×600	面	1	
20P	#3主变测控柜	2260×600×600	面	1	
21P	故障录波柜	2260×600×600	面	1	
22P	网络报文分析柜	2260×600×600	面	1	
23P	低周低压减载柜	2260×600×600	面	1	
24P	智能辅助控制系统柜	2260×600×600	面	1	
25～26P	消弧消谐控制屏	2260×600×600	面	2	
27～36P	通信柜	2260×600×600	面	10	
37～43P	备用	2260×600×600	面	(7)	
44P	交流进线柜	2260×800×600	面	1	
45P	交流馈线柜1	2260×800×600	面	1	
46P	交流馈线柜2	2260×800×600	面	1	
47P	交流馈线柜3	2260×800×600	面	1	
48～49P	第三组并联直流电源柜	2260×800×600	面	2	
50P	通信直流馈线柜	2260×600×600	面	1	
51～53P	第一组并联直流电源柜	2260×800×600	面	3	
54～56P	第二组并联直流电源柜	2260×800×600	面	3	
57P	事故照明电源柜	2260×600×600	面	1	
58P	UPS电源柜	2260×600×600	面	1	
59P	直流馈线柜一	2260×600×600	面	1	
60P	直流馈线柜二	2260×600×600	面	1	
61P	备用	2260×600×600	面	(1)	

设 备 表

说明：图中 □ 部分所示柜位为本期安装柜位。

图中 □ 部分所示柜位为预留柜位。

粗线所示为柜的正面。

图 3-13 NX-110-A3-2 二次设备室平面布置图

4　35kV 变电站通用设计方案

4.1　概　　述

本设计方案是在《国家电网公司输变电工程通用设计 35～110kV 智能变电站模块化建设施工图（2016 年版）》的基础上，结合《国家电网有限公司 35～750 千伏输变电工程通用设计、通用设备应用目录（2023 年版）》完成该方案内容设计，并根据相关各部门意见对该方案局部调整。

4.2　方　案　技　术　条　件

NX－35－E1－2 方案技术条件见表 4－1。

表 4－1　　　　NX－35－E1－2 方案技术条件表

序号	项目名称	技术条件
1	主变压器	2×10MVA
2	出线规模	35kV 出线 2 回，电缆出线 10kV 出线 8 回，电缆出线
3	电气主接线	35kV 采用单母线接线 10kV 采用单母线分段接线
4	无功补偿	每台变压器配置 10kV 电容器 1 组
5	短路电流	35kV 短路电流：31.5kA 10kV 短路电流：31.5kA
6	主要设备选型	主变压器：户外三相、双绕组、油浸式、自冷有载调压变压器 35kV、10kV：户内充气式开关柜，配置真空断路器 10kV 电容：框架式，电抗器三相叠落布置
7	电气总平面及 配电装置	主变压器：户外布置 35kV、10kV：户内充气柜预制舱单列布置 无功补偿：户外成套布置

续表

序号	项目名称	技术条件
8	监控系统	按无人值守设计，采用计算机监控系统，监控和远动统一考虑
9	模块化 二次设备	监控、保护、通信等站内公用二次设备，宜按功能设置一体化监控模块、电源模块、通信模块等；间隔层设备宜按电压等级或按电气间隔设置模块，二次设备采用预制舱集中布置
10	土建部分	围墙内占地面积 0.1050hm²，站内设置生产辅助用房 1 座，总建筑面积 50m²，配置移动式化学灭火装置
11	站址基本条件	海拔 2000m 以下，设计基本地震加速度按 0.20g 考虑，重现期 50 年的设计基本风速 v_0=30m/s，天然地基，地基承载力特征值 f_{ak}=150kPa，无地下水影响，假设场地为同一标高

4.3　技　术　导　则

4.3.1　设计原则

4.3.1.1　设计对象

国网宁夏电力有限公司系统内的 35kV 变电站。

4.3.1.2　设计范围

变电站围墙以内，设计标高零米以上的生产及辅助生产设施。受外部条件影响的项目，如系统通信、保护通道、进站道路、站外给排水、地基处理、土方工程等不列入设计范围。

4.3.1.3　运行管理方式

本方案按无人值守设计。

4.3.1.4　模块化建设原则

（1）电气一、二次集成设备最大程度实现工厂内规模生产、调试、模块化配送，减少现场安装、接线、调试工作，提高建设质量、效率。一次设备本体与智能控制柜之间二次控制电缆采用预制电缆连接。

（2）配电装置布局应统筹考虑按二次设备模块化布置，便于安装、消防、扩建、运维、检修及试验等工作。

（3）监控、保护、通信等站内公用二次设备按功能设置一体化监控模块、电源模块、通信模块等，采用预制式智能控制柜。

（4）一次设备与二次设备之间采用预制电缆标准化连接；二次设备之间采用预制光缆标准化连接。

（5）变电站高级应用应满足电网运行管理需求，模块化设计、分阶段实施。

（6）建筑物采用装配式钢结构，实现标准化设计、工厂化制作、机械化安装。

（7）建筑物、构筑物基础采用标准化尺寸，定型钢模浇制。

4.3.2 电力系统

4.3.2.1 主变压器

通用设计方案中单台主变压器容量一般按 10MVA 常用容量配置。对于负荷密度较轻的地区，可以采用 6.3MVA 的变压器。

一般地区主变压器规模宜按 2 台配置。

主变压器采用双绕组变压器。

实际工程中主变压器台数和容量、绕组数应根据相关的规范规程、导则和已经批准的电网规划计算确定。

4.3.2.2 出线回路数

35kV 出线：一般情况下按 2 回配置。

10kV 出线：一般情况下按 8 回配置。

实际工程可根据具体情况对各电压等级出线回路数进行适当调整。

4.3.2.3 无功补偿

每台主变低压侧并联电容器应根据实际工程进行核算无功补偿容量后配置。

4.3.2.4 系统接地方式

35kV、10kV 系统采用不接地方式。

4.3.3 电气一次部分

4.3.3.1 电气主接线

变电站的电气主接线应根据变电站的规划容量，线路、变压器连接元件总数，设备特点等条件确定。电气主接线结合考虑供电可靠性、运行灵活、操作

检修方便、节省投资、便于过度或扩建。

（1）35kV 电气主接线采用单母线接线。35kV 进线间隔配置电压互感器，以实现变电站双电源切换功能。

（2）10kV 电气主接线采用单母线分段接线。

4.3.3.2 短路电流

35kV 电压等级：31.5kA。

10kV 电压等级：31.5kA。

设备短路电流耐受水平可根据实际工程所处电网短路电流水平确定。

4.3.3.3 主要设备选择

（1）电气设备选型应从《国家电网有限公司 35～750 千伏输变电工程通用设计、通用设备应用目录（2023 年版）》中选择。

（2）主变压器选用三相双绕组有载调压油浸自冷变压器。

（3）35kV 户内配电装置选用户内充气式高压开关设备，配真空断路器，额定电流：1250A，额定开断电流：31.5kA。

（4）10kV 户内配电装置选用户内充气式高压开关设备，配真空断路器，额定电流：1250A，额定开断电流：31.5kA。

（5）无功补偿装置选用户外框架式并联电容器，容量根据实际工程核算无功补偿容量后配置，串联电抗率根据实际工程所处谐波级次配置。电抗器采用叠装方式，电抗器应采取有效措施防止电抗器单相事故发展为相间事故。

4.3.3.4 导体选择

母线载流量按正常运行方式下最大通流容量考虑，并结合环境条件校验。

出线回路的导体载流量按正常运行方式下最大回路工作电流考虑，并结合环境条件校验，导体截面原则上按不小于送电线路的截面考虑。

主变压器进线侧导线载流量按不小于主变压器额定容量 1.05 倍计算，实际工程中可根据需要考虑承担另 1 台主变压器事故或检修时的转移负荷。

4.3.3.5 电气总平面布置

电气总平面布置应结合技术经济比较，在满足使用功能的前提下，以最少土地资源达到变电站建设要求。出线方向适应各电压等级线路走廊要求，尽量减少线路交叉和迂回。配电装置尽量不堵死扩建的可能，进站道路条件允许时，变电站大门宜直对主变压器运输道路。

变电站大门及道路的设置应满足主变压器、大型装配式预制件、预制舱式二次组合设备等的整体运输。

4.3.3.6 配电装置

（1）配电装置布局紧凑合理，主要电气设备、装配式建（构）筑物以及预制舱式二次组合设备的布置应便于安装、消防、扩建、运维、检修及试验工作。

（2）配电装置可结合装配式建筑以及预制舱式二次组合设备的应用进一步合理优化，但电气设备与建（构）筑物之间电气尺寸应满足 DL/T 5352—2018《高压配电装置设计规范》的要求。

（3）屋内配电装置布置在装配式建筑内时，应考虑其安装、检修、起吊、运行、巡视以及气体回收装置所需的空间和通道。

（4）35、10kV 配电装置采用预制舱内单列布置，35kV 设进线柜 2 面、35kV 母线电压互感器柜 1 面、站用变出线柜 1 面、主变压器出线柜 2 面，共 6 面开关柜；10kV 设主变压器 10kV 进线柜 2 面、10kV 母线电压互感器柜 2 面、电容器出线柜 2 面、出线柜 8 面、分段柜 1 面，分段隔离柜 1 面，共 16 面开关柜。

（5）35、10kV 配电装置采用预制舱内开关柜布置。开关柜柜后通道为800mm。

（6）10kV 并联装置采用框架式电容器成套装置，户外落地安装，电抗器采用前置叠落布置方式。35kV 站用变采用油浸式，户外落地安装。

4.3.3.7 站用电

交流站用电系统为 380/220V 中性点接地系统。站用电系统采用按工作变压器划分的单母线接线。

4.3.3.8 电缆敷设

电力电缆和控制电缆选择按照 GB 50217—2018《电力工程电缆设计规范》和 Q/GDW 11154—2014《智能变电站预制电缆技术规范》选择。

电缆沟内强弱电缆进行有效分隔，在满足电缆（光缆）敷设容量要求的前提下，配电装置场地主通道可采用电缆沟或槽盒。

4.3.4 二次系统

4.3.4.1 系统继电保护及安全自动装置

4.3.4.1.1 35kV（10kV）线路保护

（1）每回 35kV（10kV）线路配置一套线路保护。装置具备速断、过流保护功能。当 35kV 变电站为负荷变电站时可不设线路保护。当 35kV 电厂并网线、专供线路、环网线及无 T 接回路的电缆线路较短时，线路两段侧配置一套纵联保护。三相一次重合闸随线路保护配置。

（2）采用保护测控集成装置。

（3）保护宜采用电缆直接采样、直接跳闸。

4.3.4.1.2 35kV 母线保护

35kV 一般不设置母线保护，如有用户接入等情况时，应根据系统安全稳定计算结果确定。配置一套母线差动保护，装置采用电缆方式采集相关信息。

4.3.4.1.3 10kV 分段保护

（1）按断路器配置单套分段保护装置，具备瞬时和延时跳闸功能的充电及过流保护。

（2）采用保护测控集成装置。

（3）分段保护装置宜采用电缆直接采样。

4.3.4.1.4 故障录波

（1）35kV 变电站不设置独立的故障录波装置，对于 35kV 出线对侧为电厂或用户变的变电站，全站可设置故障录波装置。

（2）故障录波采用电缆方式采集相关信息。

4.3.4.1.5 安全自动装置

变电站是否配置安全自动化装置应根据接入后的系统安全稳定校核计算结论确定，装置配置应遵循如下原则：

（1）站内主变低压侧备自投功能配置一套独立的备自投装置，不与 10kV 分段保护测控装置集成。

（2）高压侧备自投功能配置一套独立的备自投装置，含进线备自投功能。

（3）对于 35kV 线路对侧为电厂或用户变的变电站，配置单套的故障解列装置。

（4）对于链式串供方式的变电站应配置区域备自投装置。

4.3.4.2 调度自动化

4.3.4.2.1 调度关系及远动信息传输原则

调度管理关系宜根据电力系统概况、调度管理范围划分原则和调度自动化系统现状确定。远动信息的传输原则宜根据调度管理关系确定。

4.3.4.2.2 远动设备（数据通信网关机）配置

远动通信设备（Ⅰ区数据通信网关机）配置应符合 3.4.4.3 的相关要求。

4.3.4.2.3 远动信息采集

远动信息采取"直采直送"原则，直接从监控系统的测控单元获取远动信息并向调度端传送。

4.3.4.2.4 远动信息传送

（1）远动通信设备应能实现与相关调控中心的数据通信，采用双套电力调度数据网络方式。网络通信采用 DL/T 634.5104 规约。

（2）远动信息内容应满足 DL/T 5003—2017《电力系统调度自动化设计规程》、DL/T 5002—2021《地区电网调度自动化设计规程》、Q/GDW 10678—2018《智能变电站一体化监控系统技术规范》和相关调度端、无人值班远方监控中心对变电站的监控要求。

（3）监控系统Ⅰ区数据通信网关机应具备一键顺控数据通信功能。调控/集控站端通过站内Ⅰ区数据通信网关机调用站端一键顺控功能，并接收一键顺控执行情况的相关信息。

4.3.4.2.5 电能量计量系统

（1）全站配置一套电能量计量系统子站设备、包括电能计量表与电能量远方终端。信息通过调度数据网或基于 SDH 网络的以太网传输方式将电能量数据传送至各级电网计量主站。

（2）电能计量表计采用独立计量绕组计量，关口（考核）计费点配置独立电能表，并满足 DL/T 448—2016《电能计量装置技术管理规程》。

4.3.4.2.6 调度数据网络及安全防护装置

（1）全站配置双套调度数据网接入设备，每套含 2 台调度数据网络交换机和 1 台路由器，组柜 1 面。

（2）监控系统与远方调度（调控）中心进行数据通信，设置纵向加密认证装置。

（3）变电站配置 1 套网络安全监测装置，调度数据网并网前，需开展电力监控系统网络安全评估工作。

4.3.4.3 系统及站内通信

4.3.4.3.1 光纤系统通信

光纤通信电路的设计，应结合通信网现状、工程实际业务需求以及各供电公司通信网规划进行。

（1）光缆类型以 OPPC、OPGW 为主，光缆纤芯类型宜采用 G.652 光纤。35kV 架空线路应至少建设 1 根 OPGW、OPPC 或 ADSS 光缆，每根光缆芯数不少于 24 芯；敷设形式可根据实际情况选用 OPGW、OPPC 或 ADSS。

（2）B 类及以上供电区域的 35kV 变电站应具备至少 2 个光缆路由。

（3）变电站应按调度关系及地区通信网络规划要求建设相应的光传输系统。光传输系统的传输速率应满足各类业务需求及规划发展要求。

（4）变电站应至少配置 1 套地市级光传输设备，接入相应的光传输网。

4.3.4.3.2 站内通信

（1）变电站不设置程控调度交换机。变电站调度、行政电话由混合接入设备或软交换及 IAD 接入方式解决。

（2）变电站应配置 1 套综合数据通信网设备。

（3）变电站通信设备的环境监测功能由站内辅助设备智能控制系统统一考虑。

（4）变电站通信设备采用站内一体化电源系统实现−48V 直流供电，配置独立的 DC/DC 转换装置。每个 DC/DC 转换模块直流输入侧加装独立空气开关，通信负载电流按 100A 考虑。

（5）变电站通信设备与二次设备统一布置，通信设备屏位应按变电站终期规模考虑。

4.3.4.4 变电站自动化系统

4.3.4.4.1 监控范围及功能

监控系统实现全站信息的统一接入、统一存储和统一展示，具备运行监视、操作与控制、综合信息分析与智能告警、运行管理各辅助应用等功能。

变电站自动化系统设备配置和功能要求按无人值班设计，采用开放式分层分布式网络结构，通信规约统一采用 DL/T 860。监控范围及功能满足 Q/GDW 10678—2018《智能变电站一体化监控系统技术规范》的要求。

配置 1 套智能防误系统，智能防误功能模块 1 套部署于监控主机，1 套部署于智能防误主机。

监控主机的防误逻辑与智能防误主机的防误逻辑应相互独立，两套防误逻辑共同实现防误双校核功能。

变电站一键顺控功能在站端实现，部署于安全Ⅰ区，由站控层设备（监控主机、智能防误主机、Ⅰ区数据通信网关机）、间隔层设备（测控装置）及一次设备传感器共同实施。具体由监控主机实现相关功能，与智能防误主机之间进行防误逻辑双校核，通过Ⅰ区数据通信网关机采用 DL/T 634（IEC 60870−5−104）通信协议实现调控对变电站一键顺控功能的调用。

4.3.4.4.2 系统网络

35kV（10kV）不宜单独设置过程层网络，35kV 间隔层设备与过程层设备之间采用电缆点对点方式。

全站网络采用单星形以太网络，实现信息共享，简化二次回路，支持站域保护控制功能的实现。

全站主机兼操作员工作站应采用安全的 UNIX、Linux 操作系统，与测控单元通讯采用 IEC 61850 规约。

4.3.4.4.3　设备配置原则

（1）站控层设备配置原则。站控层设备按远期规模配置，按照功能分散布置、资源共享、避免设备重复设置的原则进行站控层设备的配置，站控层设备由以下几部分组成：

1）监控主机单套配置，集成数据服务器、操作员站、工程师工作站与监控主机；

2）五防操作系统，五防系统采用监控系统集成五防功能的形式，为计算机监控防误系统；

3）考虑到变电站一键顺控技术的推广，还应配置一套与监控系统集成的五防系统不同厂家独立的五防系统。

4）Ⅰ数据通信网关机双套配置，集成一键顺控数据通信功能。

5）Ⅱ区数据通信网关机单套配置。

6）Ⅳ区数据通信网关机单套配置（选配）。

（2）间隔层设备配置原则。间隔层包括继电保护、安全自动装置、测控装置、电能量采集系统等设备。

1）继电保护及安全自动装置具体配置详见 1.4.1 相关章节。

2）35（10）kV 间隔（主变压器间隔除外）采用保护测控集成装置；主变压器间隔测控装置采用后备保护测控一体装置。35kV、10kV 每段母线各配置 1 台公用测控装置，用于接入各间隔辅助判据位置信息。

3）网络通信设备。网络通信设备包括网络交换机、接口设备和网络连接线、电缆、光缆及网络安全设备等。

4.3.4.5　元件保护

4.3.4.5.1　35kV 变压器保护

35kV 变压器电量保护宜按单套配置，采用主、后备保护独立装置，后备保护与测控装置集成；非电量保护装置单套配置。

4.3.4.5.2　10kV（35）kV 线路、站用变压器、电容器保护

按间隔单套配置，采用保护测控集成装置。

4.3.4.6　站用交直流一体化电源系统

4.3.4.6.1　系统组成

站用交直流一体化电源系统由站用交流电源、并联型直流电源系统、交流不间断电源（UPS）、逆变电源（INV）及监控装置等组成。监控装置作为一体化电源系统的集中监控管理单元。

变电站并联型直流电源系统应配置 1 套微机总监控装置，每套并联型直流电源系统宜配置 1 套微机分监控装置，微机分监控装置采用 RS485 通信口接入微机总监控装置。监控装置功能要求应满足 T/CERS 0007《110kV 及以下变电站并联型直流电源系统技术规范》，并联型直流电源系统微机总监控装置接入变电站交直流一体化电源总监控装置。

系统中各电源通信规约应相互兼容，能够实现数据、信息共享。系统的总监控装置应通过以太网通信接口采用 DL/T 860 规约与变电站后台设备连接，实现对一体化电源系统的远程监控维护管理。

4.3.4.6.2　直流电源系统

（1）直流系统电压。35kV 变电站操作电源额定电压采用 220V，通信电源额定电压 −48V。

（2）蓄电池型式、容量及组数。

全站设两组并联直流电源，第一组供全站二次设备直流负荷，第二组供通信直流负荷，每组均单套配置且按该组内全部直流负荷考虑。

并联直流电源蓄电池采用阀控式铅酸蓄电池，单体电池端电压 12V，容量 200Ah，蓄电池放电时间二次负荷按 2h 计算、通信负荷按 4h 计算。

（3）并联直流电源系统模块。第一组（全站二次设备）需配置 2A 模块 10 个，第二组（通信设备）需配置模块 9 个。

（4）直流系统供电方式。35kV 及以下的保护、控制装置宜由直流电源屏直接馈出，当保护测控下放于开关柜布置时，采用直流小母线布置方式。

（5）直流系统接线方式。直流系统采用单母线接线。

4.3.4.6.3　交流不停电电源系统（UPS）

配置一套单主机交流不停电电源系统（UPS）。

4.3.4.6.4　总监控装置

系统应配置 1 套总监控装置，作为直流电源及不间断电源系统的集中监控管理单元，应同时监控站用交流电源、直流电源、交流不间断电源（UPS）、

逆变电源（INV）和直流变换电源（DC/DC）等设备。

4.3.4.7 时间同步系统

（1）配置 1 套公用的时钟同步系统，主时钟单套配置实现站内所有设备的软、硬对时。支持北斗系统和 GPS 系统单向标准授时信号，优先采用北斗系统，时钟同步精度和守时精度满足站内所有设备的对时精度要求。

（2）时间同步系统对时范围包括监控系统站控层设备、保护装置、测控装置及站内其他智能设备等。

（3）站控层设备宜采用 SNTP 对时方式，间隔层设备宜采用 IRIG－B 对时方式。

4.3.4.8 辅助设备智能控制系统

全站配置一套辅助设备智能控制系统，包含一次设备在线监测子系统、火灾消防子系统、安全防卫子系统、动环子系统、智能锁控子系统、智能巡视子系统等，实现一次设备在线监测、火灾报警、安全警卫、动力环境监视及控制、智能锁控、图像监视信息的分类存储、智能联动及综合展示等功能。

辅助设备智能控制系统由综合应用服务器、智能巡视主机，各子系统监测终端及传感器、通信设备等组成。采用分层、分布式网络架构，组建单网，划分为安全Ⅱ区。

综合应用服务器及智能巡视主机集成整合相应安全区的子系统主机功能，完成数据采集、数据处理、状态监视、设备控制、智能应用及综合展示等功能。Ⅱ区网关机等设备实现与运维主站数据的交互。

辅助设备智能控制系统具体功能要求应符合《35～750kV 变电站辅助设备智能监控系统设计方案》的规定。

4.3.4.9 二次设备模块化设计

4.3.4.9.1 二次设备模块化设计原则

二次设备应最大程度实现工厂内规模生产、集成调试、模块化配送，实现二次接线"即插即用"，有效减少现场安装、接线、调试工作，提高建设质量、效率。

模块设置主要按照功能及间隔对象进行划分，尽量和减少模块间二次接线工作量，35kV 智能变电站二次设备主要设置以下几种模块，实际工程应根据预制舱及二次设备室的具体布置开展多模块组合设置。

（1）站控层设备模块包含监控系统站控层设备、调度数据网络设备、二次系统安全防护设备等。

（2）公用设备模块包含公用测控装置、时间同步系统、电能量计量系统、辅助设备智能控制系统等。

（3）通信设备模块包含光纤系统通信设备、站内通信设备等。

（4）站用一体化电源系统模块包含站用交流电源、并联直流电源系统、交流不间断电源（UPS）、逆变电源（INV）等。

（5）35kV（10kV）间隔设备包含 35kV（10kV）线路、10kV 分段保护测控集成装置、35kV（10kV）公用测控装置与交换机、35kV（10kV）电能表等。

（6）主变压器间隔层设备模块包含主变压器保护装置、主变压器测控装置、电能表等。

4.3.4.9.2 二次设备模块化设置原则

（1）35kV 户内变电站中站控层设备模块、公用设备模块、通信设备模块、主变压器间隔模块、一体化电源系统模块等模块化二次设备布置于预制舱。

（2）35kV 间隔层设备按间隔配置；35kV 配电装置采用户内布置，设备分散布置于 35kV 开关柜内。

（3）10kV 间隔层设备按间隔配置，分散布置于 10kV 开关柜内。

4.3.4.9.3 二次设备组柜原则

（1）站控层设备组柜原则。

1）1 台监控主机兼操作员站组 1 面柜。

2）智能防误主机组 1 面柜。

3）调度数据网交换机、路由器、纵向加密认证装置、网络安全监测装置组 1 面柜。

4）Ⅰ区数据通信网关机、规约转换装置、电能量采集终端、站控层网络交换机组 1 面柜。

5）Ⅱ区数据通信网关机、综合应用服务器、防火墙组 1 面柜。

6）Ⅳ区数据通信网关机（选配）与正反向隔离安装于辅助设备智能控制系统。

7）同步时钟、公用测控装置组 1 面柜。

（2）间隔层设备组柜原则。

1）35kV（10kV）线路保护装置就地安装于 35kV（10kV）开关柜内。

2）主变压器间隔。主变压器保护、测控装置组 1 面柜。

（3）其他二次系统组柜原则。

1）辅助设备智能控制系统。辅助设备智能控制系统单独组柜。

2）综合信息数据网通信设备单独组 1 面柜。

3）站用交直流一体化电源系统。交直流分别独立组柜，蓄电池随并联直流电源系统组柜安装。

4）电能量计量系统。35kV（10kV）线路电能表、主变电能表就地安装在于 35kV（10kV）开关柜内。

4.3.4.9.4　柜体统一要求

（1）间隔层二次设备、一体化电源设备等屏柜宜采用 2260mm×800mm×600mm（高×宽×深，高度中包含 60mm 眉头）；通信设备屏柜宜采用 2260mm×600mm×600mm（高×宽×深，高度中包含 60mm 眉头）；站控层服务器柜及五防主机屏柜可采用 2260mm×600mm×900mm（高×宽×深，高度中包含 60mm 眉头）屏柜。

（2）全站二次系统设备柜体颜色应统一。

（3）全站二次设备根据布置方案，二次保护屏柜采用常规柜体，采用后接线前显示装置。

4.3.4.10　互感器二次参数要求

4.3.4.10.1　对电流互感器的要求

互感器二次参数见表 4-2。

表 4-2　互感器二次参数一览表

电压（kV）	35	10
主接线	单母线	单母线分段
二次额定电流	5A	5A
准确级	主变压器进线：5P/5P/0.2/0.2S 出线：5P/0.2/0.2S	出线、电容器、站用变压器：5P/0.2/0.2S 分段：5P/0.2 主变压器进线：5P/5P/0.2/0.2S
二次绕组数	出线：3 主变压器进线：4	出线、电容器、站用变压器：3 分段：2 主变压器进线：4
二次绕组容量	推荐值：计量绕组 5VA、其他绕组 15VA。可按计算结果选择	推荐值：计量绕组 5VA、其他绕组 15VA。可按计算结果选择

4.3.4.10.2　对电压互感器要求

电压互感器二次参数见表 4-3。

表 4-3　电压互感器二次参数配置表

电压（kV）	35	10
主接线	单母线	单母线分段
数量	母线三相 线路：单相	母线三相
准确级	母线：0.2/0.5（3P）/0.5（3P）/3P 线路：0.5（3P）	母线：0.2/0.5（3P）/0.5（3P）/3P
二次绕组数	母线：4 线路：1	4
额定变比	母线：$\dfrac{35}{\sqrt{3}}/\dfrac{0.1}{\sqrt{3}}/\dfrac{0.1}{\sqrt{3}}/\dfrac{0.1}{\sqrt{3}}/\dfrac{0.1}{3}$ 线路：$\dfrac{35}{\sqrt{3}}/0.1$	母线：$\dfrac{10}{\sqrt{3}}/\dfrac{0.1}{\sqrt{3}}/\dfrac{0.1}{\sqrt{3}}/\dfrac{0.1}{\sqrt{3}}/\dfrac{0.1}{3}$
二次绕组容量	推荐值：10/30VA 按计算结果选择	推荐值：30VA 按计算结果选择

4.3.4.11　电缆的敷设与选择

4.3.4.11.1　网线选择要求

二次设备室内通信联系宜采用超五类屏蔽双绞线。

4.3.4.11.2　电缆选择及敷设要求

（1）电缆选择及敷设的设计应符合 GB 50217—2018《电力工程电缆设计规范的规定》及《国网基建部关于发布 35～750kV 变电站通用设计通信、消防部分修订成果的通知》（基建技术〔2019〕51 号）的规定：

1）站用变压器与站用电室之间的电缆敷设于同一电缆沟的不同侧，防止站用交直流系统和重要负荷同时失去。

2）各类电缆同侧敷设时，动力电缆应在最上层，控制电缆在中间层，两者之间采用防火隔板隔离；通信电缆及光纤等敷设在最下层并放置在耐火槽盒内。

（2）为增强抗干扰能力，强电和弱电线应采用不同的走线槽进行敷设。

4.3.4.12　二次设备的接地、防雷、抗干扰

二次设备防雷、接地和抗干扰应满足 GB/T 50065—2011《交流电气装置的接地设计规范》及 DL/T 5136—2012《火力发电厂、变电站二次接线设计技术规程》的规定。

4.3.5 土建部分

4.3.5.1 站址基本条件

海拔 2000m 以下，抗震设防烈度 8 度，设计基本地震加速度 0.20g，设地震分组第二组，重现期 50 年的设计基本风速为 30m/s，天然地基，地基承载力特征值 f_{ak}＝150kPa，无地下水影响，场地同一标高。

4.3.5.2 总布置

4.3.5.2.1 总平面布置

变电站的总平面布置应根据生产工艺、运输、防火、防爆、保护和施工等方面的要求，按远期规模对站区的建（构）筑物、管线及道路进行统筹安排，工艺流畅。

变电站大门及道路的设置应满足主变压器、大型装配式预制件、预制舱设备等整体运输。

4.3.5.2.2 站内道路

变电站大门面向站内主变压器运输道路。

站内主变压器运输道路及消防道路宽度为 4m。

站内道路采用城市型道路，可采用混凝土路面或沥青路面。

4.3.5.2.3 场地处理

场地采用方砖地坪，湿陷性黄土场地应设置灰土封闭层。

4.3.5.3 装配式构筑物

4.3.5.3.1 围墙及大门

围墙采用装配式实体围墙。围墙柱宜采用预制钢筋混凝土柱。预制钢筋混凝土柱采用工字形，截面尺寸不宜小于 250mm×250mm；围墙墙体宜采用预制墙板，围墙顶部宜设预制压顶。

变电站大门采用钢制实体电动大门。

4.3.5.3.2 电缆沟

（1）电缆沟采用预制式电缆沟体，沟壁应高出场地地坪 100mm，沟宽采用 800mm、1100mm、1400mm。

（2）电缆沟盖板采用预制电缆沟盖板，大风沙地区盖板应采用防沙型盖板。

4.3.5.3.3 支架

（1）设备支架柱采用圆形钢管柱，支架横梁采用钢管或槽钢横梁，支架柱与基础采用地脚螺栓连接。

（2）避雷针设计应统筹考虑站址环境条件、配电装置构架结构型式等，采用格构式避雷针，避雷针钢材设计应满足材料冲击韧性的要求。

（3）钢结构防腐采用必要的防腐、防火措施。

4.3.5.3.4 设备基础

（1）主变压器基础宜采用筏板基础＋支墩的基础形式，主变压器油池尺寸根据设备尺寸确定，应满足相关规程要求。

（2）预制舱基础采用钢筋混凝土筏板形基础，舱体与基础采用焊接。

（3）小型基础（包括庭院灯、检修箱、控制箱、端子箱、空调外机基础等）宜采用预制清水混凝土构件。

4.3.5.4 暖通、水工、消防

4.3.5.4.1 暖通

预制舱设置分体柜式冷暖空调及机械排风系统，采用分散电采暖设备。

采暖通风系统与消防报警系统应能联动闭锁，同时具备自动启停、现场控制和远方控制的功能。

4.3.5.4.2 水工

水源优先采用市政管网引接。

站区雨水采用有组织排水系统收集后排入市政雨水管网或站外排水设施；生活污水采用化粪池收集后排入市政污水管网，不具备外排条件的应定期处理。

主变压器设有油水分离式总事故油池，事故油池有效容积应按不小于最大单台主变压器油量的 100%考虑。

4.3.5.4.3 消防

变电站消防设计应执行 GB 50229—2019《火力发电厂及变电站设计防火标准》、GB 50016—2014《建筑设计防火规范（2018 年版）》、GB 55036—2022《消防设施通用规范》、GB 55037—2022《建筑防火通用规范》相关规定。

主变压器消防采用推车式干粉灭火器及消防沙箱，预制舱及电气设备采用移动式化学灭火器。电缆从室外进入室内的入口处，应采取防止电缆火灾蔓延的阻燃及分隔的措施。

站内设置火灾报警及控制系统，报警信号上传至地区监控中心及相关单位。

4.3.6 主要图纸

NX－35－E1－2 方案主要图纸见图 4－1～图 4－3。

序　号	1	2	3	4	5	6
间隔编号	UYH	1U	1B	1ZYB	2U	2B
互感器变比		300~600/5A	200~400/5A	100/5A	30~600/5A	200~400/5A
用　途	母线设备柜	出线1	1号主变压器	1号站用变压器	出线2	2号主变压器

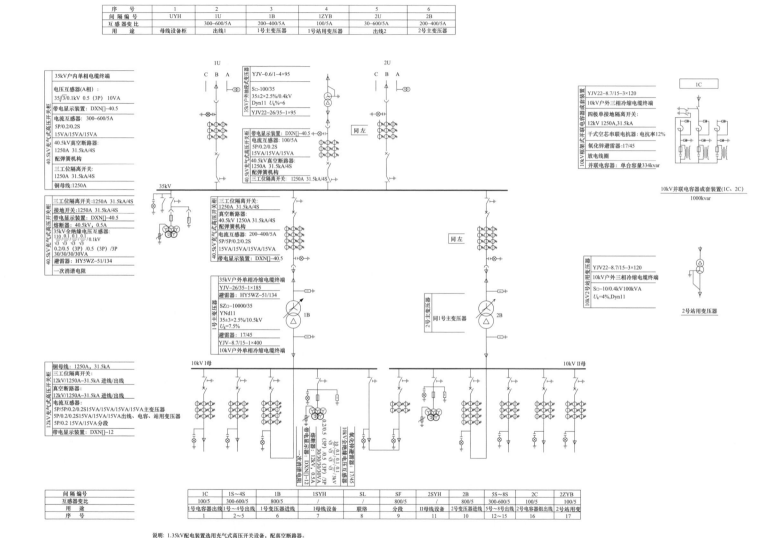

间隔编号	1C	1S~4S	1B	1SYH	SL	SF	2SYH	2B	5S~8S	2C	2ZYB
互感器变比	100/5	300~600/5	800/5		800/5	300/5		800/5	300~600/5	100/5	100/5
用　途	1号电容器出线	1号~4号出线	1号变压器进线	1母线设备	联络	分段	II母线设备	2号变压器进线	5号~8号出线	2号电容器组出线	2号站用变
序　号	1	2~5	6	7	8	9	11	10	12~15	16	17

说明: 1.35kV配电装置选用充气式高压开关设备, 配真空断路器。

2.10kV配电装置选用充气式高压开关设备, 配真空断路器。

图 4-1 NX-35-E1-2 电气主接线图

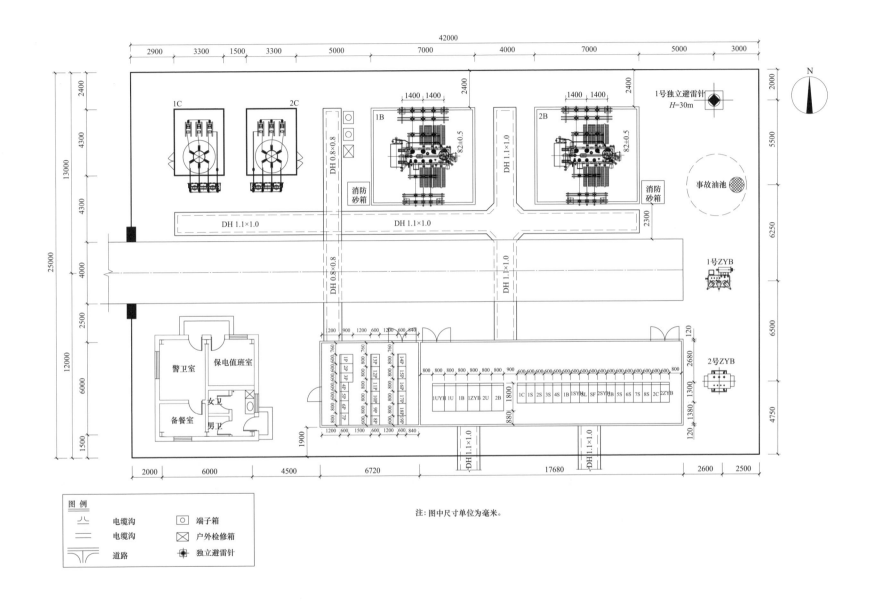

图 4-2　NX-35-E1-2 电气总平面布置图

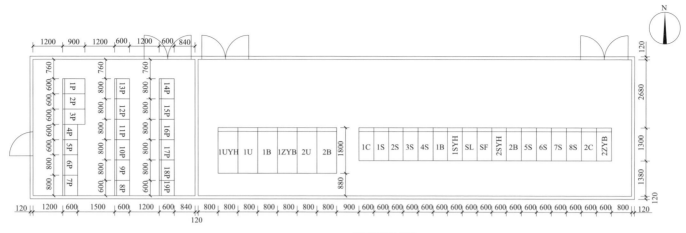

预制舱平面布置图

二次设备屏

序号	名称	型号或规格	单位	数量	备注
1P	监控主机及智能防误主机柜	2260×600×900	面	1	
2P	综合数据网及智能巡视系统柜	2260×600×900	面	1	
3P	Ⅱ区综合应用服务器柜	2260×600×900	面	1	
4P	Ⅰ区数据通信网关机柜	2260×600×600	面	1	
5P	调度数据网接入设备柜	2260×600×600	面	1	
6P	UPS电源柜	2260×800×600	面	1	
7P	公用测控及对时柜	2260×800×600	面	1	
8P	通信柜Ⅰ	2260×600×600	面	1	
9P	第一组并联式直流电源屏1	2260×800×600	面	1	
10P	第一组并联式直流电源屏2	2260×800×600	面	1	
11P	第二组并联式直流电源屏1	2260×800×600	面	1	
12P	第二组并联式直流电源屏2	2260×800×600	面	1	
13P	二次设备直流馈电柜	2260×800×600	面	1	
14P	交流进线柜	2260×800×600	面	1	
15P	交流馈线柜	2260×800×600	面	1	
16P	1号主变保护测控柜	2260×800×600	面	1	
17P	2号主变保护测控柜	2260×800×600	面	1	
18P	预留	2260×800×600	面	1	
19P	通信预留	2260×600×600	面	1	

35kV 开关柜

序号	名称	型号或规格	单位	数量	备注
1	35kV 户内气体绝缘金属封闭开关柜	40.5kV/1250A-31.5kA	面	2	主变压器进线柜
2	35kV 户内气体绝缘金属封闭开关柜	40.5kV/1250A-31.5kA	面	2	出线柜
3	35kV 户内气体绝缘金属封闭开关柜	40.5kV/1250A-31.5kA	面	1	35kV 站用变柜
4	35kV 户内气体绝缘金属封闭开关柜	40.5kV/1250A-31.5kA	面	1	母线设备柜

10kV 开关柜

序号	名称	型号或规格	单位	数量	备注
1	10kV 户内气体绝缘金属封闭开关柜	12kV/1250A-31.5kA	面	2	主变压器进线柜
2	10kV 户内气体绝缘金属封闭开关柜	12kV/1250A-31.5kA	面	1	分段柜
3	10kV 户内气体绝缘金属封闭开关柜	12kV/1250A-31.5kA	面	1	隔离柜
4	10kV 户内气体绝缘金属封闭开关柜	12kV/1250A-31.5kA	面	2	电容器柜
5	10kV 户内气体绝缘金属封闭开关柜	12kV/1250A-31.5kA	面	2	母线设备柜
6	10kV 户内气体绝缘金属封闭开关柜	12kV/1250A-31.5kA	面	8	出线柜
7	10kV 户内气体绝缘金属封闭开关柜	12kV/1250A-31.5kA	面	1	10kV 站用变柜

图4-3 NX-35-E1-2预制舱平面布置图

5　110kV 线路杆塔通用设计模块

5.1　110-EC22D 子模块

5.1.1　110-EC22D 子模块说明

（1）概述。该模块为海拔高度 1000～2500m，最大设计风速为 27m/s，最大设计覆冰 10mm，导线采用 2×JL3/G1A-240/30、地线采用 JLB20A-100。该模块直线塔按 5 种塔型规划，耐张塔按 5 种塔型规划（包括终端塔），所有塔均按平地腿设计；该模块共计 10 种塔型。

（2）气象条件。110-EC22D 子模块的气象条件见表 5-1。

表 5-1　　110-EC22D 子模块的气象条件

项目	气温（℃）	风速（m/s）	覆冰厚度（mm）
最低气温	-40	0	0
年平均气温	-5	0	0
基本风速	-5	27	0
设计覆冰	-5	10	10
最高气温	40	0	0
安装情况	-15	10	0
长期工况	5	5	0
断线工况	-5	0	10
冰的比重	0.9g/cm³		

（3）导地线型号及参数。110-EC22D 模块的导地线型号及参数见表 5-2。

表 5-2　　110-EC22D 子模块的导地线型号及参数

项目	导线	地线
电线型号	JL3/G1A-240/30	JLB20A-100
计算截面积（mm²）	276.00	101.00

续表

项目	导线	地线
计算外径（mm）	21.60	13.0
计算重量（kg/m）	0.9215	0.6767
计算拉断力（N）	75190	135200
弹性系数（MPa）	70500	153900
线膨胀系数（1/℃）	19.4×10^{-6}	13.0×10^{-6}

本工程导线采用 2×JL3/G1A-240/30、地线采用 JLB20A-100，导线设计安全系数取 2.5，年平均运行张力系数取 25%；地线设计安全系数取 4.0，年平均运行张力系数取 25%。

（4）绝缘配置。直线塔：悬垂串按"I"型布置，可采用 70kN、120kN 盘式绝缘子，设计绝缘子高度 1440mm，爬电比距≥3.2cm/kV。

耐张塔：跳线串采用 70kN 盘式绝缘子，设计绝缘子高度 1460mm，爬电比距≥3.2cm/kV。

耐张串采用 120kN 级标准型盘式绝缘子（要求单片爬电距离≥450mm，盘高 146mm），每联采用 10 片，爬电比距≥3.2cm/kV。

（5）联塔金具。直线塔：直线塔导线悬垂串设三个挂点（双联串间距 400mm），挂点均配 EB-07/10-80 型挂板。地线悬垂串为单挂点，配 UB-07 型挂板。悬垂串联塔金具均为横线路方向穿轴，横线路方向摆动。

耐张塔：导线耐张串为单挂点，挂点配 U-25 型挂环。地线耐张串为单挂点，配 U-10 型挂环。导线内外角侧横担各设跳线串挂点三个，其中一个在中间，另外两个靠近两侧横担主材，跳线串采用 UB-07 型金具。

（6）110-EC22D 子模块的杆塔一览图。110-EC22D 子模块的杆塔一览图见图 5-1。

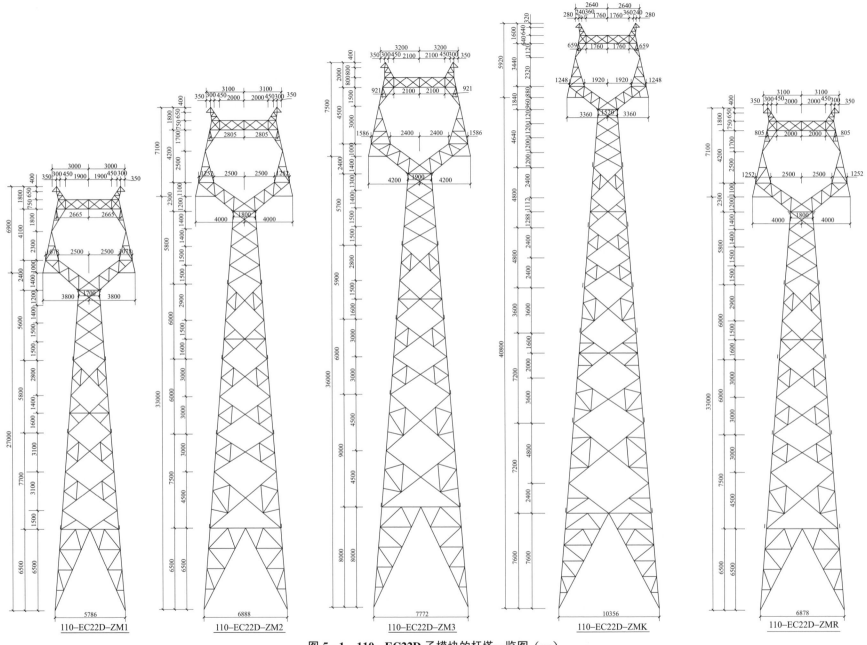

图 5-1 110-EC22D 子模块的杆塔一览图（一）

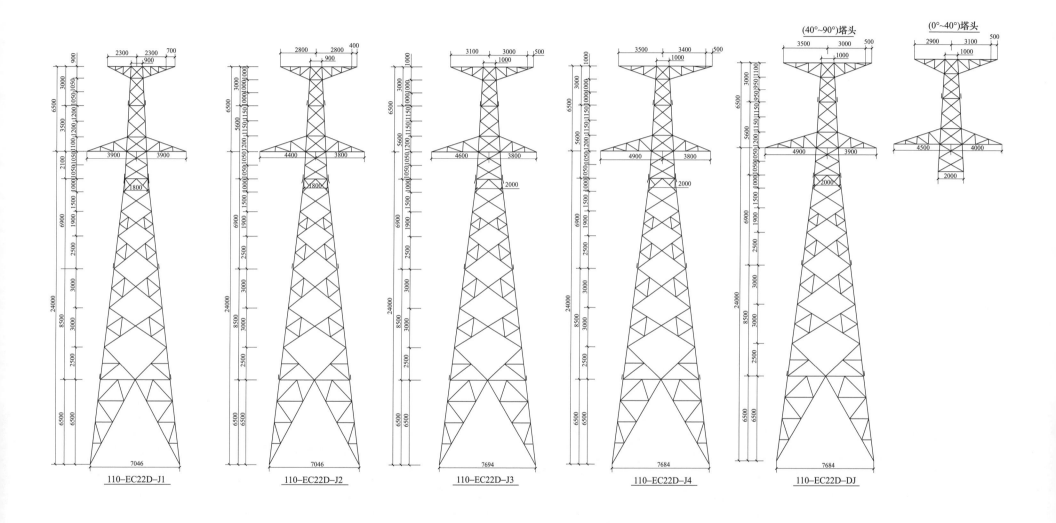

图 5-1　110-EC22D 子模块的杆塔一览图（二）

110-EC22D-J1　　110-EC22D-J2　　110-EC22D-J3　　110-EC22D-J4　　110-EC22D-DJ

5.1.2　110-EC22D-ZM1 塔设计条件表

（1）设计条件。110-EC22D-ZM1 塔的导线型号及张力、使用条件、荷载见表 5-3~表 5-5。

表 5-3　　　　　　　　　导 线 型 号 及 张 力

| 电压等级 | 110kV | 导线型号 | 2×JL3/G1A-240/30 | 导线最大使用张力(kN) | 2×28.57 | 导线断线张力取值(%) | 25 | 导线不均匀覆冰不平衡张力取值(%) | 10 |
| | | 地线型号 | JLB20A-100 | 地线最大使用张力(kN) | 33.80 | 地线断线张力取值(%) | 100 | 地线不均匀覆冰不平衡张力取值(%) | 20 |

表 5-4　　　　　　　　　　使 用 条 件

使用条件	呼高(m)	水平档距(m)	垂直档距(m)	代表档距(m)	转角度数(°)	Kv 值
数　值	15~27	330	450	250~450	0	0.85

表 5-5　　　　　　　　　荷 载 表（N）

气象条件 （t/v/b）		正常运行情况			事故情况		安装情况	不均匀冰
		基本风速	覆冰	最低气温	未断线	断线		
		-5/27/0	-5/10/10	-40/0/0	-5/0/0	-5/0/10	-15/10/0	-5/10/10
水平荷载	导线	7541	2282			1042	2282	
	绝缘子及金具	335	55			46	55	
	跳线串							
	地线	2892	1655			397	1172	
垂直荷载	导线	10892	17190	11434	17190	17190	11447	15616
	绝缘子及金具	2071	2659	2071	2659	2659	2071	2659
	跳线串							
	地线	4513	8877	4869	8877	8877	4653	7786
张力	导线 一侧					14286	61775	5714
	导线 另一侧					0	61775	0
	导线 张力差					14286	0	5714
	地线 一侧					33800	33451	6760
	地线 另一侧					0	33451	0
	地线 张力差					33451	0	6760

注：导线水平荷载为下相导线荷载，水平荷载已考虑高度系数。

（2）根开尺寸及基础作用力。110-EC22D-ZM1 塔的根开尺寸及基础作用力见表 5-6 和表 5-7。

表 5-6　　　　　　　根 开 尺 寸　　　　　　　（mm）

呼高(m)	基础根开		地脚螺栓根开		地脚螺栓规格(35号)
	正面根开	侧面根开	正面根开	侧面根开	
15	3916	3916	160	160	4M24
18	4396	4396	160	160	4M24
21	4876	4876	160	160	4M24
24	5356	5356	160	160	4M24
27	5836	5836	160	160	4M24

表 5-7　　　　　　　基 础 作 用 力　　　　　　　（kN）

呼高(m)	T_{max}	T_x	T_y	N_{max}	N_x	N_y
15	118.23	-14.38	-12.1	-160.64	-17.76	-15.89
18	127.49	-14.95	-12.24	-172.05	-18.51	-15.81
21	135.87	-15.8	-13.09	-182.71	-19.54	-16.83
24	145.24	-16.72	-14.12	-194.54	-20.61	-18.19
27	152.67	-17.45	-14.99	-204.51	-21.92	-19.31

（3）110-EC22D-ZM1 塔单线图。110-EC22D-ZM1 塔单线图见图 5-2。

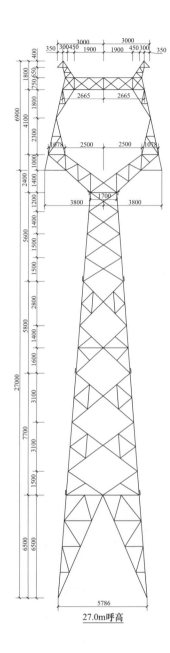

27.0m呼高

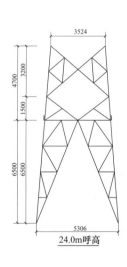

24.0m呼高

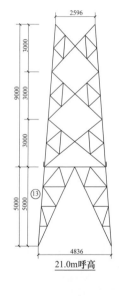

21.0m呼高

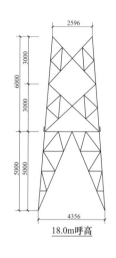

18.0m呼高

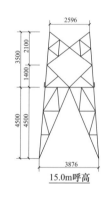

15.0m呼高

图 5-2　110-EC22D-ZM1 塔单线图

5.1.3 110-EC22D-ZM2 塔设计条件表

（1）设计条件。110-EC22D-ZM2 塔的导线型号及张力、使用条件、荷载见表5-8～表5-10。

表5-8 　　　　　　　　　　导 线 型 号 及 张 力

电压等级	110kV	导线型号	2×JL3/G1A-240/30	导线最大使用张力(kN)	2×28.57	导线断线张力取值(%)	25	导线不均匀覆冰不平衡张力取值(%)	10
		地线型号	JLB20A-100	地线最大使用张力(kN)	33.80	地线断线张力取值(%)	100	地线不均匀覆冰不平衡张力取值(%)	20

表5-9 　　　　　　　　　使 用 条 件

使用条件	呼高（m）	水平档距（m）	垂直档距（m）	代表档距（m）	转角度数（°）	Kv 值
数 值	15～33	400	600	250～450	0	0.75

表5-10 　　　　　　　　　　荷 载 表 　　　　　　　　　　　（N）

气象条件 (t/v/b)		正常运行情况			事故情况		安装情况	不均匀冰
		基本风速	覆冰	最低气温	未断线	断线		
		-5/27/0	-5/10/10	-40/0/0	-5/0/0	-5/0/10	-15/10/0	-5/10/10
水平荷载	导线	9677	2924				1302	2924
	绝缘子及金具	363	60				50	50
	跳线串							
	地线	3658	2098				501	1486
垂直荷载	导线	13721	22164	12513	22164	22164	12549	20053
	绝缘子及金具	2071	2659	2071	2659	2659	2071	2659
	跳线串							
	地线	6278	12537	6268	12537	12537	6030	10972
张力	导线 一侧				14286	41033		5714
	导线 另一侧				0	41033		0
	导线 张力差				14286	0		5714
	地线 一侧				33800	28367		6760
	地线 另一侧				0	28367		0
	地线 张力差				33800	0		6760

注：导线水平荷载为下相导线荷载，水平荷载已考虑高度系数。

（2）根开尺寸及基础作用力。110-EC22D-ZM2 塔的根开尺寸及基础作用力见表5-11和表5-12。

表5-11 　　　　　　　　　　根 开 尺 寸 　　　　　　　　　（mm）

呼高（m）	基础根开		地脚螺栓根开		地脚螺栓规格（35号）
	正面根开	侧面根开	正面根开	侧面根开	
15	4048	4048	160	160	4M24
18	4528	4528	160	160	4M24
21	5008	5008	160	160	4M24
24	5488	5488	160	160	4M24
27	5958	5958	160	160	4M24
30	6438	6438	160	160	4M24
33	6918	6918	160	160	4M24

表5-12 　　　　　　　　　基 础 作 用 力 　　　　　　　　（kN）

呼高（m）	T_{max}	T_x	T_y	N_{max}	N_x	N_y
15	146.62	-18.17	-14.35	-194.21	-21.25	-19.08
18	158.37	-18.96	-14.94	-208.51	-22.45	-19.54
21	166.42	-19.37	-15.58	-219.21	-23.12	-20.33
24	181.12	-21.11	-17.38	-236.51	-25.05	-22.42
27	190.63	-22.02	-18.46	-249.31	-26.66	-23.78
30	199.7	-23.03	-19.15	-260.75	-27.47	-24.5
33	208.07	-23.9	-19.94	-272.28	-28.69	-25.46

（3）110-EC22D-ZM2 塔单线图。110-EC22D-ZM2 塔单线图见图5-3。

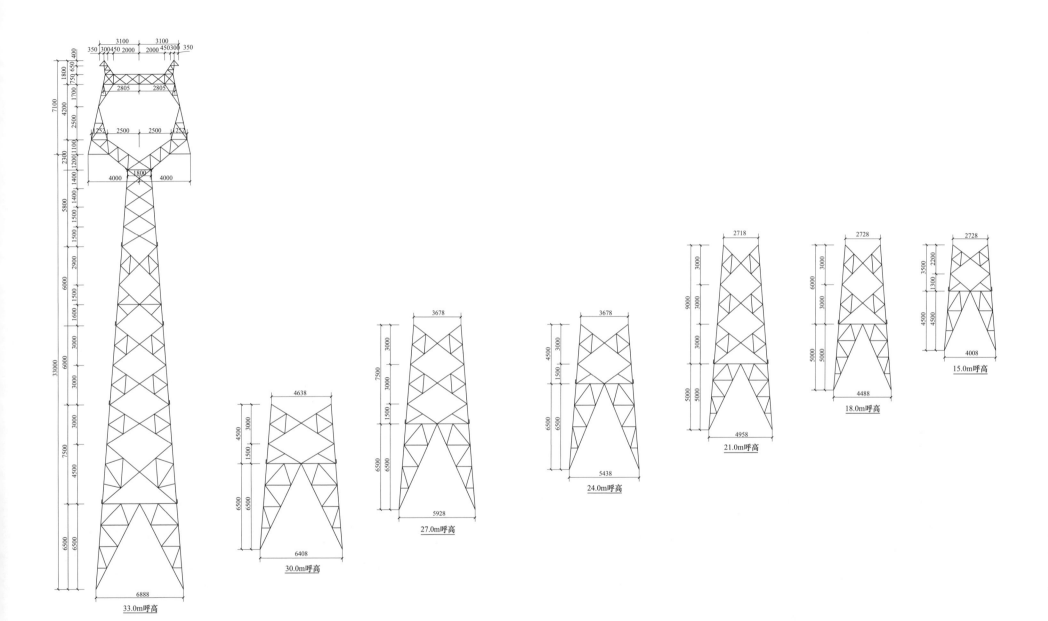

图 5-3 110-EC22D-ZM2 塔单线图

5.1.4 110-EC22D-ZM3 塔设计条件表

（1）设计条件。110-EC22D-ZM3 塔的导线型号及张力、使用条件、荷载见表5-13～表5-15。

表5-13　　　　　导线型号及张力

电压等级	110kV	导线型号	2×JL3/G1A-240/30	导线最大使用张力(kN)	2×28.57	导线断线张力取值(%)	25	导线不均匀覆冰不平衡张力取值(%)	10
		地线型号	JLB20A-100	地线最大使用张力(kN)	33.80	地线断线张力取值(%)	100	地线不均匀覆冰不平衡张力取值(%)	20

表5-14　　　　　使　用　条　件

使用条件	呼高（m）	水平档距（m）	垂直档距（m）	代表档距（m）	转角度数（°）	Kv 值
数　值	15～36	500	700	250～450	0	0.65

表5-15　　　　　荷　载　表　　　　　（N）

气象条件 (t/v/b)		正常运行情况			事故情况		安装情况	不均匀冰
		基本风速	覆冰	最低气温	未断线	断线		
		-5/27/0	-5/10/10	-40/0/0	-5/0/0	-5/0/10	-15/10/0	-5/10/10
水平荷载	导线	12470	3696				1665	3696
	绝缘子及金具	386	64				53	64
	跳线串							
	地线	4709	2671				644	1892
垂直荷载	导线	16447	26529	15176	26529	26529	15214	24009
	绝缘子及金具	2071	2659	2071	2659	2659	2071	2659
	跳线串							
	地线	6941	14365	6931	14365	14365	6694	12509
张力	导线 一侧				14286	41033		5714
	导线 另一侧				0	41033		0
	导线 张力差				14286	0		5714
	地线 一侧				33800	28367		6760
	地线 另一侧				0	28367		0
	地线 张力差				33800	0		6760

注：导线水平荷载为下相导线荷载，水平荷载已考虑高度系数。

（2）根开尺寸及基础作用力。110-EC22D-ZM3 塔的根开尺寸及基础作用力见表5-16和表5-17。

表5-16　　　　　根　开　尺　寸　　　　　（mm）

呼高（m）	基础根开		地脚螺栓根开		地脚螺栓规格（35号）
	正面根开	侧面根开	正面根开	侧面根开	
15	4252	4252	160	160	4M24
18	4762	4762	160	160	4M24
21	5272	5272	160	160	4M24
24	5772	5772	160	160	4M24
27	6282	6282	200	200	4M30
30	6792	6792	200	200	4M30
33	7302	7302	200	200	4M30
36	7812	7812	200	200	4M30

表5-17　　　　　基　础　作　用　力　　　　　（kN）

呼高（m）	T_{max}	T_x	T_y	N_{max}	N_x	N_y
15	169.82	-21.89	-17.19	-222.53	-27.49	19.27
18	182.15	-22.64	-17.82	-236.77	-26.58	-23.26
21	193.24	-23.71	-19.01	-250.67	-27.96	-24.62
24	206.17	-25.05	-20.61	-266.75	-29.53	-26.55
27	217.04	-26.31	-22.01	-282.23	-31.69	-28.34
30	225.69	-27.14	-22.62	-292.46	-32.25	-28.93
33	234.77	-28.2	-23.55	-305.19	-33.72	-30.05
36	244.28	-29.17	-24.53	-317.79	-34.98	-31.25

（3）110-EC22D-ZM3 塔单线图。110-EC22D-ZM3 塔单线图见图5-4。

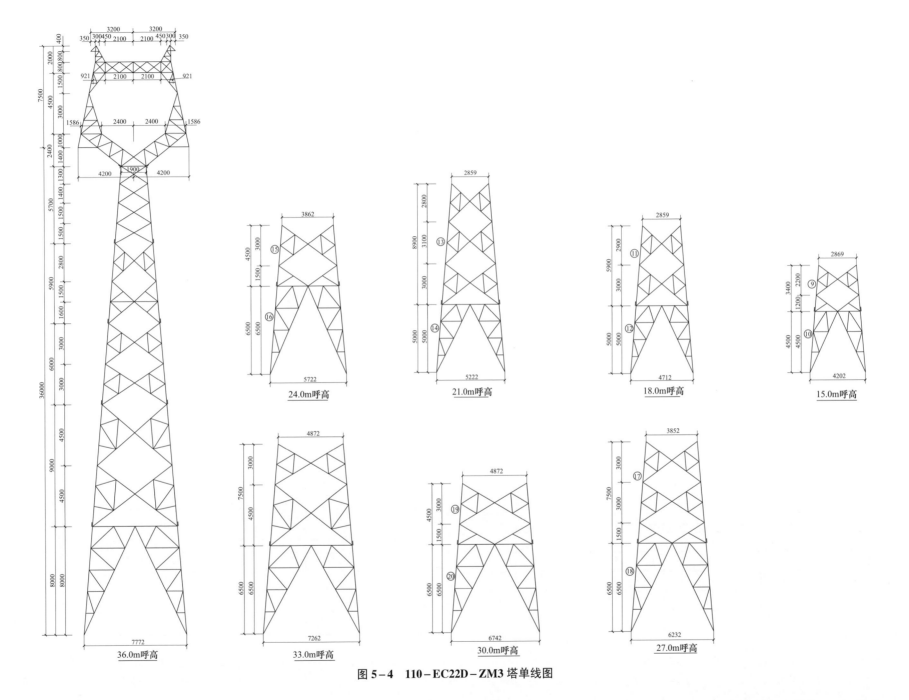

图 5-4 110-EC22D-ZM3 塔单线图

5.1.5 110-EC22D-ZMK 塔设计条件表

（1）设计条件。110-EC22D-ZMK 塔的导线型号及张力、使用条件、荷载见表 5-18～表 5-20。

表 5-18　　　　　　　　导线型号及张力

电压等级	110kV	导线型号	2×JL3/G1A-240/30	导线最大使用张力（kN）	2×28.57	导线断线张力取值（%）	25	导线不均匀覆冰不平衡张力取值（%）	10
		地线型号	JLB20A-100	地线最大使用张力（kN）	33.80	地线断线张力取值（%）	100	地线不均匀覆冰不平衡张力取值（%）	20

表 5-19　　　　　　　　使用条件

使用条件	呼高（m）	水平档距（m）	垂直档距（m）	代表档距（m）	转角度数（°）	Kv 值
数　值	36～51	400	600	250～450	0	0.75

表 5-20　　　　　　荷载表　　　　　　（N）

气象条件（t/v/b）		正常运行情况			事故情况		安装情况	不均匀冰
		基本风速	覆冰	最低气温	未断线	断线		
		−5/27/0	−5/10/10	−40/0/0	−5/0/0	−5/0/10	−15/10/0	−5/10/10
水平荷载	导线	12208	3792				1660	3792
	绝缘子及金具	442	73				61	73
	跳线串							
	地线	4335	2519				594	1784
垂直荷载	导线	14440	22770	13169	22770	22770	13207	20687
	绝缘子及金具	2071	2659	2071	2659	2659	2071	2659
	跳线串							
	地线	6278	12537	6268	12537	12537	6030	10972
张力	导线 一侧				14286	41033	5714	
	导线 另一侧				0	41033	0	
	导线 张力差				14286	0	5714	
	地线 一侧				33800	28367	6760	
	地线 另一侧				0	28367	0	
	地线 张力差				33800	0	6760	

注：导线水平荷载为下相导线荷载，水平荷载已考虑高度系数。

（2）根开尺寸及基础作用力。110-EC22D-ZMK 塔的根开尺寸及基础作用力见表 5-21 和表 5-22。

表 5-21　　　　　　根　开　尺　寸　　　　　　（mm）

呼高（m）	基础根开		地脚螺栓根开		地脚螺栓规格（35 号）
	正面根开	侧面根开	正面根开	侧面根开	
33	7846	7846	200	200	4M30
36	8356	8356	200	200	4M30
39	8866	8866	200	200	4M30
42	9376	9376	200	200	4M30
45	9886	9886	200	200	4M30
48	10396	10396	200	200	4M30
51	7846	7846	200	200	4M30

表 5-22　　　　　　基　础　作　用　力　　　　　　（kN）

呼高（m）	T_{max}	T_x	T_y	N_{max}	N_x	N_y
36	278.22	−32.18	−31.75	−354.76	−38.68	−38.26
39	289.91	−34.07	−33.84	−372.56	−41.76	−41.32
42	302.11	−34.91	−34.53	−390	−42.38	−42
45	314.92	−36.55	−36.18	−406.4	−44.35	−44.12
48	326.44	−38.15	−37.81	−424.76	−46.5	−46.17
51	336.83	−39.56	−39.31	−440.83	−48.79	−48.41

（3）110-EC22D-ZMK 塔单线图。110-EC22D-ZMK 塔单线图见图 5-5。

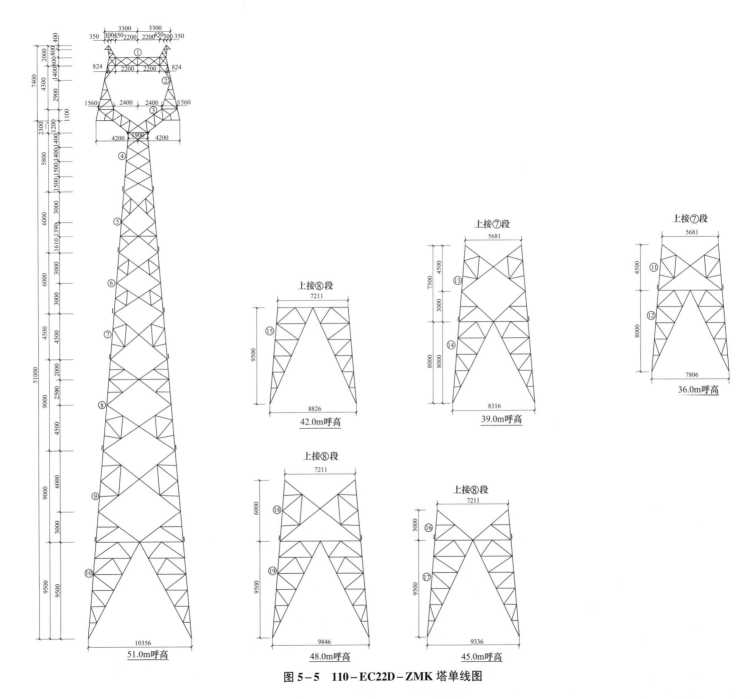

图 5-5　110-EC22D-ZMK 塔单线图

5.1.6 110-EC22D-ZMR 塔设计条件表

（1）设计条件。110-EC22D-ZMR 塔的导线型号及张力、使用条件、荷载见表5-23～表5-25。

表5-23　　　　　导线型号及张力

电压等级	110kV	导线型号	2×JL3/G1A-240/30	导线最大使用张力(kN)	2×28.57	导线断线张力取值(%)	25	导线不均匀覆冰不平衡张力取值(%)	10
		地线型号	JLB20A-100	地线最大使用张力(kN)	33.80	地线断线张力取值(%)	100	地线不均匀覆冰不平衡张力取值(%)	20

表5-24　　　　　使用条件

使用条件	呼高（m）	水平档距（m）	垂直档距（m）	代表档距（m）	转角度数（°）	Kv值
数值	15～33	400	600	250～450	0	0.75

表5-25　　　　　荷　载　表　　　　　（N）

气象条件 (t/v/b)		正常运行情况			事故情况		安装情况	不均匀冰
		基本风速	覆冰	最低气温	未断线	断线		
		-5/27/0	-5/10/10	-40/0/0	-5/0/0	-5/0/10	-15/10/0	-5/10/10
水平荷载	导线	9572	2871				1274	2871
	绝缘子及金具	363	60				50	60
	跳线串							
	地线	3658	2098				501	1486
垂直荷载	导线	13673	22201	12264	22201	22201	12301	20069
	绝缘子及金具	2071	2659	2071	2659	2659	2071	2659
	跳线串							
	地线	6733	13193	6722	13193	13193	6454	11578
张力	导线 一侧					12755	34616	5102
	导线 另一侧					0	34616	0
	导线 张力差					12755	0	5102
	地线 一侧					33800	28367	6760
	地线 另一侧					0	28367	0
	地线 张力差					33800	0	6760

注：导线水平荷载为下相导线荷载，水平荷载已考虑高度系数。

（2）根开尺寸及基础作用力。110-EC22D-ZMR 塔的根开尺寸及基础作用力见表5-26和表5-27。

表5-26　　　　　根　开　尺　寸　　　　　（mm）

呼高（m）	基础根开		地脚螺栓根开		地脚螺栓规格（35号）
	正面根开	侧面根开	正面根开	侧面根开	
15	4048	4048	200	200	4M30
18	4528	4528	200	200	4M30
21	5008	5008	200	200	4M30
24	5478	5478	200	200	4M30
27	5958	5958	200	200	4M30
30	6438	6438	200	200	4M30
33	6918	6918	200	200	4M30

表5-27　　　　　基　础　作　用　力　　　　　（kN）

呼高（m）	T_{max}	T_x	T_y	N_{max}	N_x	N_y
15	161.8	-20.13	-15.92	-215.35	-23.68	-21.25
18	175.01	-21.06	-16.58	-231.51	-25.01	-21.75
21	183.47	-21.45	-17.23	-243.55	-25.73	-22.62
24	199.69	-23.34	-19.17	-262.04	-27.79	-24.82
27	210.7	-24.5	-20.5	-277.29	-29.76	-26.52
30	219.76	-25.39	-21.11	-288.72	-30.44	-27.16
33	229.46	-26.52	-22.1	-302.26	-31.96	-28.33

（3）110-EC22D-ZMR 塔单线图。110-EC22D-ZMR 塔单线图见图5-6。

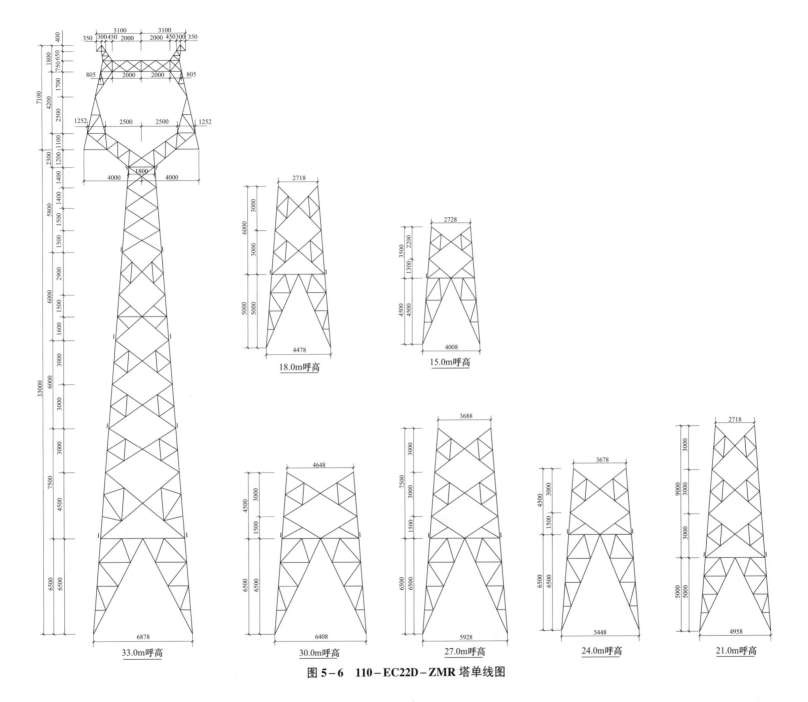

图 5-6　110-EC22D-ZMR 塔单线图

33.0m呼高

18.0m呼高

15.0m呼高

30.0m呼高

27.0m呼高

24.0m呼高

21.0m呼高

5.1.7 110-EC22D-J1 塔设计条件表

（1）设计条件。110-EC22D-J1 塔的导线型号及张力、使用条件、荷载见表5-28～表5-30。

表5-28			导线型号及张力						
电压等级	110kV	导线型号	2×JL3/G1A-240/30	导线最大使用张力（kN）	2×28.57	导线断线张力取值（%）	70	导线不均匀覆冰不平衡张力取值（%）	30
		地线型号	JLB20A-100	地线最大使用张力（kN）	33.80	地线断线张力取值（%）	100	地线不均匀覆冰不平衡张力取值（%）	40

表5-29			使 用 条 件			
使用条件	呼高（m）	水平档距（m）	垂直档距（m）	代表档距（m）	转角度数（°）	Kv 值
数 值	15～24	450	700	200～450	0～20	

表5-30		荷 载 表						（N）
气象条件（t/v/b）		正常运行情况			事故情况		安装情况	不均匀冰
		基本风速	覆冰	最低气温	未断线	断线		
		-5/27/0	-5/10/10	-40/0/0	-5/0/10	-5/0/10	-15/10/0	-5/10/10
水平荷载	导线	10783	3235				1475	3235
	绝缘子及金具	533	88				73	88
	跳线串	479	125				66	125
	地线	3977	2256				546	1598
垂直荷载	导线	16842	16185	14687	26185	26185	17166	23849
	绝缘子及金具	4700	5877	4700	5877	5877	4700	5877
	跳线串	1181	1650	1181	1650	1650	1181	1650
	地线	7852	14553	7503	14757	14757	7921	12878
张力	导线 一侧	46262	57144	57144		40001	64538	17143
	导线 另一侧	45063	53473	36127		0	41033	0
	导线 张力差	1199	3671	21017		40001	23505	17143
	地线 一侧	28527	40787	33800		33800	33339	33800
	地线 另一侧	28287	33573	28210		0	28367	0
	地线 张力差	240	7214	5590		33800	4972	13520

注：导线水平荷载为下相导线荷载，水平荷载已考虑高度系数。

（2）根开尺寸及基础作用力。110-EC22D-J1 塔的根开尺寸及基础作用力见表5-31和表5-32。

表5-31		根 开 尺 寸			（mm）
呼高（m）	基础根开		地脚螺栓根开		地脚螺栓规格（35号）
	正面根开	侧面根开	正面根开	侧面根开	
15	4936	4936	240	240	4M36
18	5656	5656	240	240	4M36
21	6376	6376	240	240	4M36
24	7086	7086	240	240	4M36

表5-32		基 础 作 用 力				（kN）
呼高（m）	T_{max}	T_x	T_y	N_{max}	N_x	N_y
15	459.29	-58.94	-60.34	-575.31	-68.63	-78.59
18	467.24	-59.49	-60.61	-587.03	-70.21	-78.79
21	473.47	-59.96	-60.88	-596.28	-71.39	-78.92
24	477.9	-60.21	-60.94	-604.32	-72.51	-79.18

（3）110-EC22D-J1 塔单线图。110-EC22D-J1 塔单线图见图5-7。

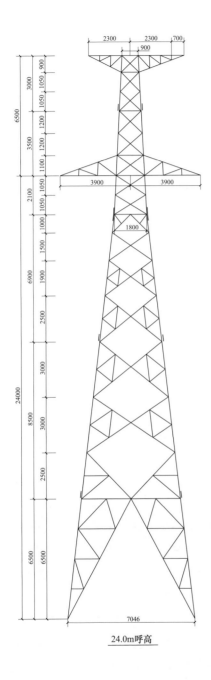

24.0m呼高

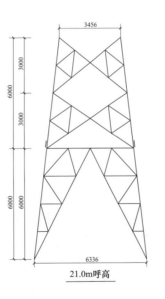

21.0m呼高

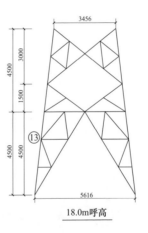

18.0m呼高

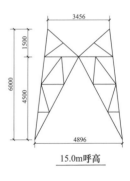

15.0m呼高

图 5-7 110-EC22D-J1 塔单线图

5.1.8 110-EC22D-J2 塔设计条件表

（1）设计条件。110-EC22D-J2 塔的导线型号及张力、使用条件、荷载见表5-33～表5-35。

表5-33　　　　　　　　　导线型号及张力

电压等级	110kV	导线型号	2×JL3/G1A-240/30	导线最大使用张力（kN）	2×28.57	导线断线张力取值（%）	70	导线不均匀覆冰不平衡张力取值（%）	30
		地线型号	JLB20A-100	地线最大使用张力（kN）	33.80	地线断线张力取值（%）	100	地线不均匀覆冰不平衡张力取值（%）	40

表5-34　　　　　　　使用条件

使用条件	呼高（m）	水平档距（m）	垂直档距（m）	代表档距（m）	转角度数（°）	Kv值
数值	15～24	450	700	200～450	20～40	

表5-35　　　　　　　　荷载表　　　　　　　　（N）

气象条件（t/v/b）		正常运行情况			事故情况		安装情况	不均匀冰
		基本风速	覆冰	最低气温	未断线	断线		
		-5/27/0	-5/10/10	-40/0/0	-5/0/10	-5/0/10	-15/10/0	-5/10/10
水平荷载	导线	10783	3235				1475	3235
	绝缘子及金具	533	88				73	88
	跳线串	479	125				66	125
	地线	3977	2256				546	1598
垂直荷载	导线	16842	26185	17134	26185	26185	17166	23849
	绝缘子及金具	4700	5877	4700	5877	5877	4700	5877
	跳线串	1181	1650	1181	1650	1650	1181	1650
	地线	7852	14553	8327	14553	14553	7921	12878
张力	导线 一侧	46262	57144	57144		40001	64538	17143
	导线 另一侧	45063	53473	36127		0	41033	0
	导线 张力差	1199	3671	21017		40001	23505	17143
	地线 一侧	28527	40787	33800		33800	33339	33800
	地线 另一侧	28287	33573	28210		0	28367	
	地线 张力差	240	7214	5590		33800	4972	13520

注：导线水平荷载为下相导线荷载，水平荷载已考虑高度系数。

（2）根开尺寸及基础作用力。110-EC22D-J2 塔的根开尺寸及基础作用力见表5-36和表5-37。

表5-36　　　　　　　根开尺寸　　　　　　　（mm）

呼高（m）	基础根开		地脚螺栓根开		地脚螺栓规格（35号）
	正面根开	侧面根开	正面根开	侧面根开	
15	4926	4926	270	270	4M42
18	5646	5646	270	270	4M42
21	6366	6366	270	270	4M42
24	7086	7086	270	270	4M42

表5-37　　　　　　基础作用力　　　　　　（kN）

呼高（m）	T_{max}	T_x	T_y	N_{max}	N_x	N_y
15	507.56	-63.74	-68.61	-625.58	-79.3	-81.37
18	517.04	-64.59	-68.74	-638.84	-80.48	-82.17
21	524.42	-65.3	-68.9	-649.31	-81.34	-82.77
24	529.8	-65.75	-68.89	-658.27	-82.21	-83.4

（3）110-EC22D-J2 塔单线图。110-EC22D-J2 塔单线图见图5-8。

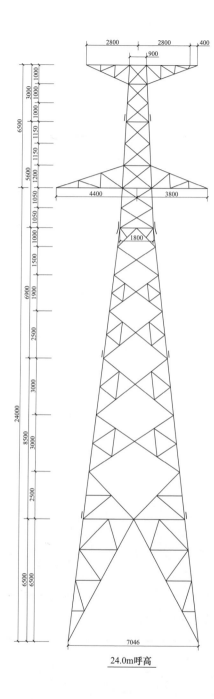

24.0m呼高

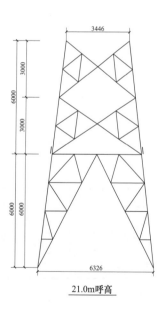

21.0m呼高

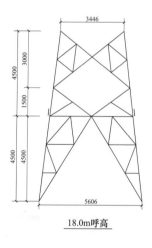

18.0m呼高

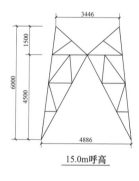

15.0m呼高

图 5-8　110-EC22D-J2 塔单线图

5.1.9 110-EC22D-J3 塔设计条件表

（1）设计条件。110-EC22D-J3 塔的导线型号及张力、使用条件、荷载见表 5-38～表 5-40。

表 5-38　　　　　　　　　导线型号及张力

电压等级	110kV	导线型号	2×JL3/G1A-240/30	导线最大使用张力（kN）	2×28.57	导线断线张力取值（%）	70	导线不均匀覆冰不平衡张力取值（%）	30
		地线型号	JLB20A-100	地线最大使用张力（kN）	33.80	地线断线张力取值（%）	100	地线不均匀覆冰不平衡张力取值（%）	40

表 5-39　　　　　　　　　使　用　条　件

使用条件	呼高（m）	水平档距（m）	垂直档距（m）	代表档距（m）	转角度数（°）	Kv 值
数　值	15~24	450	700	200~450	40~60	

表 5-40　　　　　　　　　荷　载　表　　　　　　　　　（N）

气象条件 （t/v/b）		正常运行情况			事故情况		安装情况	不均匀冰
		基本风速	覆冰	最低气温	未断线	断线		
		-5/27/0	-5/10/10	-40/0/0	-5/0/0	-5/0/10	-15/10/0	-5/10/10
水平荷载	导线	10783	3235				1475	3235
	绝缘子及金具	533	88				73	88
	跳线串	479	125				66	125
	地线	3977	2256				546	1598
垂直荷载	导线	16842	26185	17134	26185	26185	17166	23849
	绝缘子及金具	4700	5877	4700	5877	5877	4700	5877
	跳线串	1181	1650	1181	1650	1650	1181	1650
	地线	7852	14553	8327	14553	14553	7921	12878
张力	导线 一侧	46262	57144	57144		40001	64538	17143
	导线 另一侧	45063	53473	36127		0	41033	0
	导线 张力差	1199	3671	21017		40001	23505	17143
	地线 一侧	28527	40787	33800		33800	33339	
	地线 另一侧	28287	33573	28210		0	28367	
	地线 张力差	240	7214	5590		33800	4972	13520

注：导线水平荷载为下相导线荷载，水平荷载已考虑高度系数。

（2）根开尺寸及基础作用力。110-EC22D-J3 塔的根开尺寸及基础作用力见表 5-41 和表 5-42。

表 5-41　　　　　　　　　根　开　尺　寸　　　　　　　　　（mm）

呼高（m）	基础根开		地脚螺栓根开		地脚螺栓规格 （35 号）
	正面根开	侧面根开	正面根开	侧面根开	
15	5394	5394	290	290	4M48
18	6174	6174	290	290	4M48
21	6954	6954	290	290	4M48
24	7734	7734	290	290	4M48

表 5-42　　　　　　　　　基　础　作　用　力　　　　　　　　　（kN）

呼高（m）	T_{max}	T_x	T_y	N_{max}	N_x	N_y
15	601.81	-90.26	-78.64	-718.44	-106.69	-92.6
18	611.67	-90.12	-79.84	-733.26	-107.09	-94.66
21	619.27	-90.06	-80.84	-745.1	-107.36	-96.23
24	624.98	-89.88	-81.48	-755.02	-107.77	-97.65

（3）110-EC22D-J3 塔单线图。110-EC22D-J3 塔单线图见图 5-9。

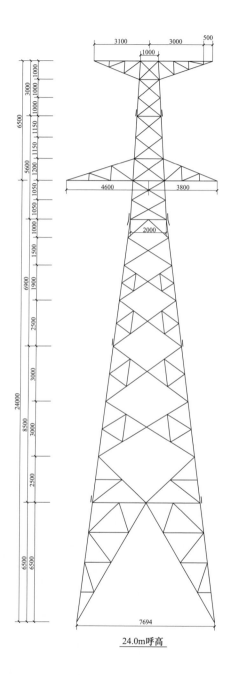

24.0m呼高

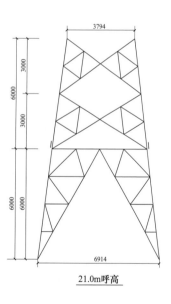

21.0m呼高

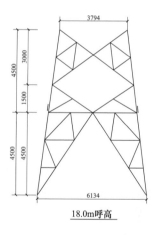

18.0m呼高

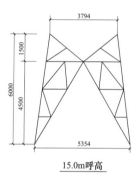

15.0m呼高

图 5-9　110-EC22D-J3 塔单线图

5.1.10 110-EC22D-J4 塔设计条件表

（1）设计条件。110-EC22D-J4 塔的导线型号及张力、使用条件、荷载见表5-43～表5-45。

表5-43   导 线 型 号 及 张 力

电压等级	110kV	导线型号	2×JL3/G1A-240/30	导线最大使用张力（kN）	2×28.57	导线断线张力取值（%）	70	导线不均匀覆冰不平衡张力取值（%）	30
		地线型号	JLB20A-100	地线最大使用张力（kN）	33.80	地线断线张力取值（%）	100	地线不均匀覆冰不平衡张力取值（%）	40

表5-44   使 用 条 件

使用条件	呼高（m）	水平档距（m）	垂直档距（m）	代表档距（m）	转角度数（°）	Kv值
数 值	15～24	450	700	200～450	60～90	

表5-45   荷 载 表   （N）

气象条件（t/v/b）			正常运行情况			事故情况		安装情况	不均匀冰
			基本风速	覆冰	最低气温	未断线	断线		
			-5/27/0	-5/10/10	-40/0/0	-5/0/0	-5/0/10	-15/10/0	-5/10/10
水平荷载	导线		10783	3235				1475	3235
	绝缘子及金具		533	88				73	88
	跳线串		479	125				66	125
	地线		3977	2256				546	1598
垂直荷载	导线		16842	26185	17134	26185	26185	17166	23849
	绝缘子及金具		4700	5877	4700	5877	5877	4700	5877
	跳线串		1181	1650	1181	1650	1650	1181	1650
	地线		7852	14553	8327	14553	14553	7921	12878
张力	导线	一侧	46262	57144	57144		40001	64538	17143
		另一侧	45063	53473	36127		0	41033	0
		张力差	1199	3671	21017		40001	23505	17143
	地线	一侧	28527	40787	33800		33800	33339	
		另一侧	28287	33573	28210		0	28367	
		张力差	240	7214	5590		33800	4972	13520

注：导线水平荷载为下相导线荷载，水平荷载已考虑高度系数。

（2）根开尺寸及基础作用力。110-EC22D-J4 塔的根开尺寸及基础作用力见表5-46和表5-47。

表5-46   根 开 尺 寸   （mm）

呼高（m）	基础根开		地脚螺栓根开		地脚螺栓规格（35号）
	正面根开	侧面根开	正面根开	侧面根开	
15	5384	5384	290	290	4M48
18	6164	6164	290	290	4M48
21	6944	6944	290	290	4M48
24	7724	7724	290	290	4M48

表5-47   基 础 作 用 力   （kN）

呼高（m）	T_{max}	T_x	T_y	N_{max}	N_x	N_y
15	820.21	-124.48	-106.23	-937.54	-140.3	-121.01
18	835.06	-124.27	-108.18	-957.27	-140.72	-123.72
21	846.6	-123.3	-110.68	-972.94	-140.78	-126.02
24	855.23	-123.14	-111.66	-986.17	-141.25	-127.86

（3）110-EC22D-J4 塔单线图。110-EC22D-J4 塔单线图见图5-10。

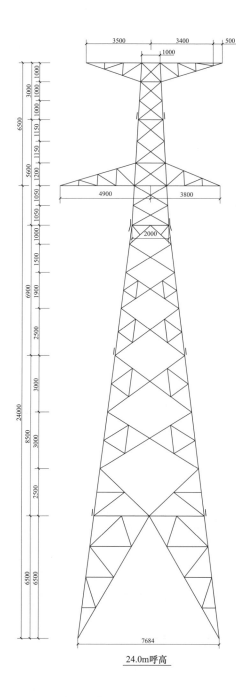

24.0m呼高

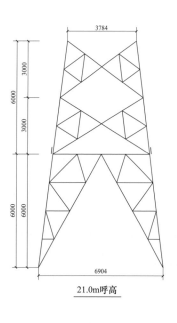

21.0m呼高

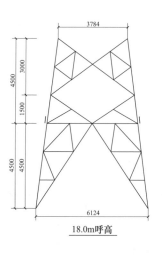

18.0m呼高

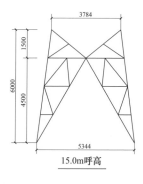

15.0m呼高

图 5－10　110－EC22D－J4 塔单线图

5.1.11 110-EC22D-DJ 塔设计条件表

（1）设计条件。110-EC22D-DJ 塔的导线型号及张力、使用条件、荷载见表 5-48～表 5-50。

表 5-48　　　导线型号及张力

电压等级	110kV	导线型号	2×JL3/G1A-240/30	导线最大使用张力(kN)	2×28.57	导线断线张力取值(%)	70	导线不均匀覆冰不平衡张力取值(%)	30
		地线型号	JLB20A-100	地线最大使用张力(kN)	33.80	地线断线张力取值(%)	100	地线不均匀覆冰不平衡张力取值(%)	40

表 5-49　　　使用条件

使用条件	呼高（m）	水平档距（m）	垂直档距（m）	代表档距（m）	转角度数（°）	Kv 值
数值	15～24	450	700	200～450	0～90	

表 5-50　　　荷载表　　　（N）

气象条件 (t/v/b)		正常运行情况			事故情况		安装情况	不均匀冰
		基本风速	覆冰	最低气温	未断线	断线		
		−5/27/0	−5/10/10	−40/0/0	−5/0/0	−5/0/10	−15/10/0	−5/10/10
水平荷载	导线	9029	2862			1239	2862	
	绝缘子及金具	533	88			73	88	
	跳线串	479	125			66	125	
	地线	3331	1763			446	1249	
垂直荷载	导线	16197	25875	14687	14732	14732	14732	23456
	绝缘子及金具	4700	5877	4700	5877	5877	4700	5877
	跳线串	1181	1650	1181	1650	1650	1181	1650
	地线	7515	14757	7503	14757	14757	7206	12947
张力	导线 一侧	45063	57144	36127			41033	17143
	导线 另一侧							
	导线 张力差	45063	57144	36127		40001	41033	17143
	地线 一侧	28287	40787	28210			28367	
	地线 另一侧							
	地线 张力差	28287	40787	28210		33800	28367	13520

注：导线水平荷载为下相导线荷载，水平荷载已考虑高度系数。

（2）根开尺寸及基础作用力。110-EC22D-DJ 塔的根开尺寸及基础作用力见表 5-51 和表 5-52。

表 5-51　　　根开尺寸　　　（mm）

呼高（m）	基础根开		地脚螺栓根开		地脚螺栓规格（35 号）
	正面根开	侧面根开	正面根开	侧面根开	
15	5384	5384	290	290	4M48
18	6164	6164	290	290	4M48
21	6944	6944	290	290	4M48
24	7724	7724	290	290	4M48

表 5-52　　　基础作用力　　　（kN）

呼高（m）	T_{max}	T_x	T_y	N_{max}	N_x	N_y
15	819.57	−124.4	−105.9	−938.85	−140.59	−120.84
18	833.95	−124.11	−107.82	−958.54	−140.97	−123.58
21	845.14	−123.96	−109.4	−974.11	−141.2	−125.67
24	853.5	−122.79	−111.34	−987.23	−141.35	−127.84

（3）110-EC22D-DJ 塔单线图。110-EC22D-DJ 塔单线图见图 5-11。

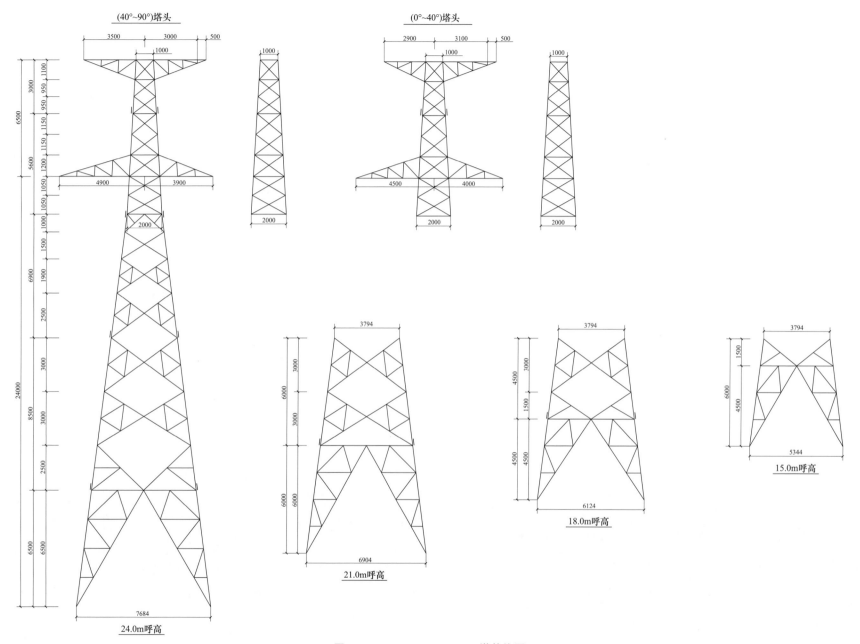

图 5-11　110-EC22D-DJ 塔单线图

5.2 110–EC22S 子模块

5.2.1 110–EC22S 子模块说明

（1）概述。该模块为海拔 1000～2500m，最大设计风速为 27m/s，最大设计覆冰 10mm，导线采用 2×JL3/G1A–240/30、地线采用 1×JLB20A–100。该模块直线塔按 5 种塔型规划，耐张塔按 5 种塔型规划（包括终端塔），所有塔均按平地腿设计；该模块共计 10 种塔型。

（2）气象条件。110–EC22S 子模块的气象条件见表 5–53。

表 5–53　　　　　　110–EC22S 子模块的气象条件

项目	气温（℃）	风速（m/s）	覆冰厚度（mm）
最低气温	−40	0	0
年平均气温	−5	0	0
基本风速	−5	27	0
设计覆冰	−5	10	10
最高气温	40	0	0
安装情况	−15	10	0
长期工况	5	5	0
断线工况	−5	0	10
冰的比重	0.9g/cm³		

（3）导地线型号及参数。110–EC22S 模块的导地线型号及参数见表 5–54。

表 5–54　　　　　110–EC22S 子模块的导地线型号及参数

项目	导线	地线
电线型号	JL3/G1A–240/30	JLB20A–100
计算截面积（mm²）	276.00	101.00

项目	导线	地线
计算外径（mm）	21.60	13.0
计算重量（kg/m）	0.9215	0.6767
计算拉断力（N）	75190	135200
弹性系数（MPa）	70500	135200
线膨胀系数（1/℃）	19.4×10^{-6}	13.0×10^{-6}

本工程导线采用 2×JL3/G1A–240/30、地线采用 1×JLB20A–100，导线设计安全系数取 2.5，年平均运行张力系数取 25%；地线设计安全系数 4.0，年平均运行张力系数取 25%。

（4）绝缘配置。直线塔：悬垂串按"I"型布置，可采用 70kN、120kN 盘式绝缘子，设计绝缘子高度 1440mm，爬电比距≥6.2cm/kV。

耐张塔：跳线串采用 70kN 盘式绝缘子，设计绝缘子高度 1460mm，爬电比距≥6.2cm/kV。

耐张串采用 120kN 级标准型盘式绝缘子（要求单片爬电距离≥450mm，盘高 146mm），每联采用 10 片，爬电比距≥6.2cm/kV。

（5）联塔金具。直线塔：直线塔导线悬垂串设三个挂点（双联串间距 400mm），挂点均配 EB–10/12–100 型挂板。地线悬垂串为单挂点，配 UB–07 型挂板。悬垂串联塔金具均为顺线路方向穿轴，横线路方向摆动。

耐张塔：导线耐张串为单挂点，挂点配 U–25 型挂环。地线耐张串为单挂点，配 U–12 型挂环。导线内外角侧横担各设跳线串挂点三个，其中一个在中间，另外两个靠近两侧横担主材，跳线串采用 UB–07 型金具。

（6）110–EC22S 子模块杆塔一览图。110–EC22S 子模块杆塔一览图见图 5–12。

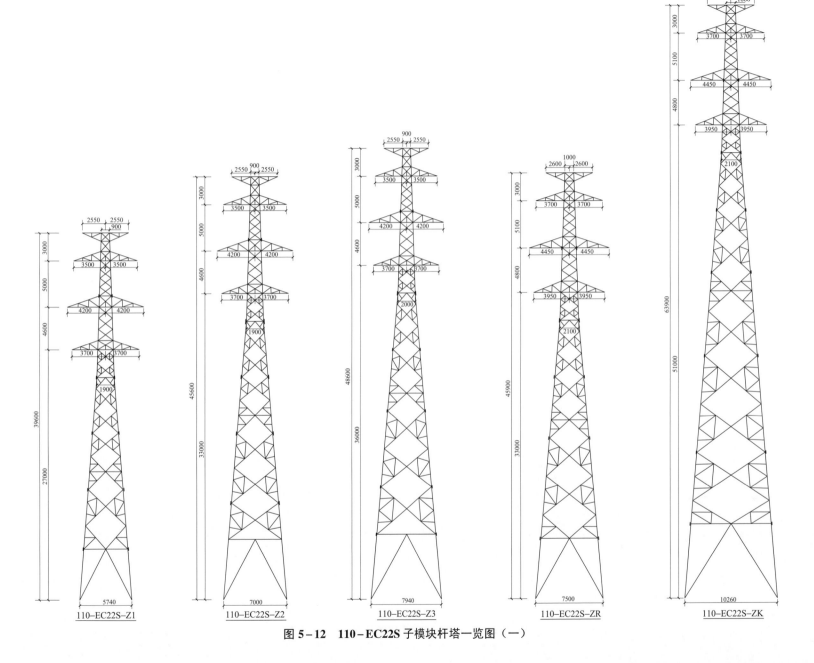

图 5-12　110-EC22S 子模块杆塔一览图（一）

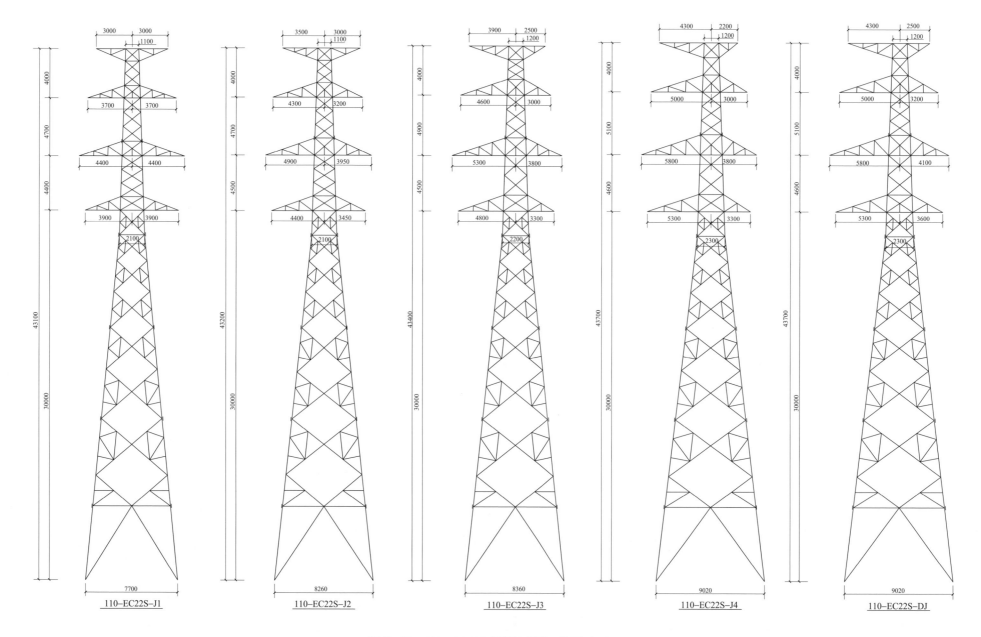

图 5-12　110-EC22S 子模块杆塔一览图（二）

5.2.2 110-EC22S-Z1 塔设计条件表

（1）设计条件。110-EC22S-Z1 塔的导线型号及张力、使用条件、荷载见表 5-55～表 5-57。

表 5-55　　　　　　　　　导 线 型 号 及 张 力

电压等级	110kV	导线型号	2×JL3/G1A-240/30	导线最大使用张力（kN）	2×28.57	导线断线张力取值（%）	25	导线不均匀覆冰不平衡张力取值（%）	10
		地线型号	JLB20A-100	地线最大使用张力（kN）	33.80	地线断线张力取值（%）	100	地线不均匀覆冰不平衡张力取值（%）	20

表 5-56　　　　　　　　　使 用 条 件

使用条件	呼高（m）	水平档距（m）	垂直档距（m）	代表档距（m）	转角度数（°）	Kv 值
数　值	15～27	330	450	400	0	0.85

表 5-57　　　　　　　　　荷 载 表　　　　　　　　（N）

气象条件（t/v/b）		正常运行情况			事故情况		安装情况	不均匀冰
		基本风速	覆冰	最低气温	未断线	断线		
		-5/27/0	-5/10/10	-40/0/0	-5/0/0	-5/0/10	-15/10/0	-5/10/10
水平荷载	导线	7637	2327				1033	2327
	绝缘子及金具	449	74				62	74
	跳线串							
	地线	3386	1959				464	1388
垂直荷载	导线	9681	16289	16289	16289	16289	9081	14637
	绝缘子及金具	1200	1788	1788	1788	1788	1200	1788
	跳线串							
	地线	4636	9803	4686	9803	9803	4523	8511
张力	导线	一侧				14286	42609	5714
		另一侧				0	42609	0
		张力差				14286	0	5714
	地线	一侧				35321	30443	6422
		另一侧				0	30443	0
		张力差				35321	0	6422

注：导线水平荷载为下相导线荷载，水平荷载已考虑高度系数。

（2）根开尺寸及基础作用力。110-EC22S-Z1 塔的根开尺寸及基础作用力见表 5-58 和表 5-59。

表 5-58　　　　　　　　　根 开 尺 寸　　　　　　　　（mm）

呼高（m）	基础根开		地脚螺栓根开		地脚螺栓规格（35 号）
	正面根开	侧面根开	正面根开	侧面根开	
15	3870	3870	160	160	4M24
18	4350	4350	160	160	4M24
21	4830	4830	160	160	4M24
24	5310	5310	160	160	4M24
27	5790	5790	160	160	4M24

表 5-59　　　　　　　　　基 础 作 用 力　　　　　　　　（kN）

呼高（m）	T_{max}	T_x	T_y	N_{max}	N_x	N_y
15	282.31	-27.00	-24.68	-344.04	-32.71	-28.80
18	291.81	-27.91	-25.57	-356.01	-33.73	-29.98
21	299.98	-28.69	-26.33	-366.72	-34.71	-31.08
24	307.43	-29.41	-27.04	-377.73	-35.59	-32.07
27	317.46	-30.96	-28.29	-390.75	-37.42	-33.69

（3）110-EC22S-Z1 塔单线图。110-EC22S-Z1 塔单线图见图 5-13。

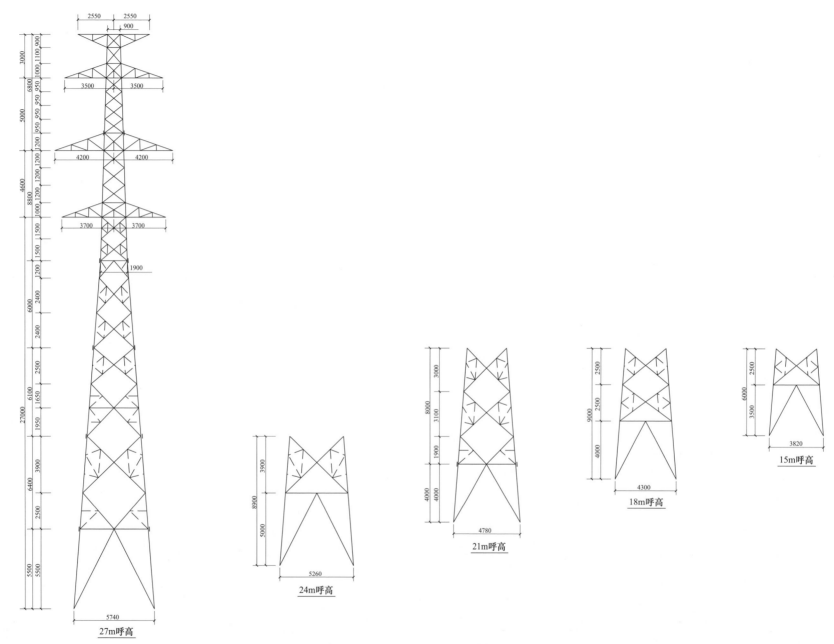

图 5-13　110-EC22S-Z1 塔单线图

5.2.3 110－EC22S－Z2 塔设计条件表

（1）设计条件。110－EC22S－Z2 塔的导线型号及张力、使用条件、荷载见表 5－60～表 5－62。

表 5－60　　导线型号及张力

电压等级	110kV	导线型号	2×JL3/G1A－240/30	导线最大使用张力（kN）	2×28.57	导线断线张力取值（%）	25	导线不均匀覆冰不平衡张力取值（%）	10
		地线型号	JLB20A－100	地线最大使用张力（kN）	33.80	地线断线张力取值（%）	100	地线不均匀覆冰不平衡张力取值（%）	20

表 5－61　　使用条件

使用条件	呼高（m）	水平档距（m）	垂直档距（m）	代表档距（m）	转角度数（°）	Kv 值
数　值	15～33	380	600	400	0	0.75

表 5－62　　荷载表　　（N）

气象条件（t/v/b）		正常运行情况			事故情况		安装情况	不均匀冰
		基本风速	覆冰	最低气温	未断线	断线		
		－5/27/0	－5/10/10	－40/0/0	－5/0/0	－5/0/10	－15/10/0	－5/10/10
水平荷载	导线	9416	2867				1274	2867
	绝缘子及金具	486	80				67	80
	跳线串							
	地线	4046	2334				554	1654
垂直荷载	导线	13548	21719	12541	21719	21719	12447	19676
	绝缘子及金具	1200	1788	1200	1788	1788	1200	1788
	跳线串							
	地线	6857	13448	6949	13448	13448	6650	11800
张力	导线 一侧				14286	42609		5714
	导线 另一侧				0	42609		0
	导线 张力差				14286	0		5714
	地线 一侧				35321	30443		6422
	地线 另一侧				0	30443		0
	地线 张力差				35321	0		6422

注：导线水平荷载为下相导线荷载，水平荷载已考虑高度系数。

（2）根开尺寸及基础作用力。110－EC22S－Z2 塔的根开尺寸及基础作用力见表 5－63 和表 5－64。

表 5－63　　根 开 尺 寸　　（mm）

呼高（m）	基础根开		地脚螺栓根开		地脚螺栓规格（35 号）
	正面根开	侧面根开	正面根开	侧面根开	
15	3990	3990	160	160	4M24
18	4500	4500	160	160	4M24
21	5010	5010	160	160	4M24
24	5520	5520	160	160	4M24
27	6030	6030	160	160	4M24
30	6540	6540	160	160	4M24
33	7050	7050	160	160	4M24

表 5－64　　基 础 作 用 力　　（kN）

呼高（m）	T_{max}	T_x	T_y	N_{max}	N_x	N_y
15	320.50	－32.20	－27.80	－392.39	－39.52	－32.62
18	327.62	－32.93	－28.34	－402.12	－40.33	－33.54
21	333.45	－33.52	－28.75	－410.70	－41.11	－34.37
24	342.25	－34.17	－31.76	－423.12	－41.69	－37.93
27	349.85	－34.97	－32.50	－433.75	－42.79	－39.08
30	356.57	－35.79	－33.24	－443.18	－43.76	－40.07
33	363.75	－36.68	－34.04	－453.84	－44.84	－41.15

（3）110－EC22S－Z2 塔单线图。110－EC22S－Z2 塔单线图见图 5－14。

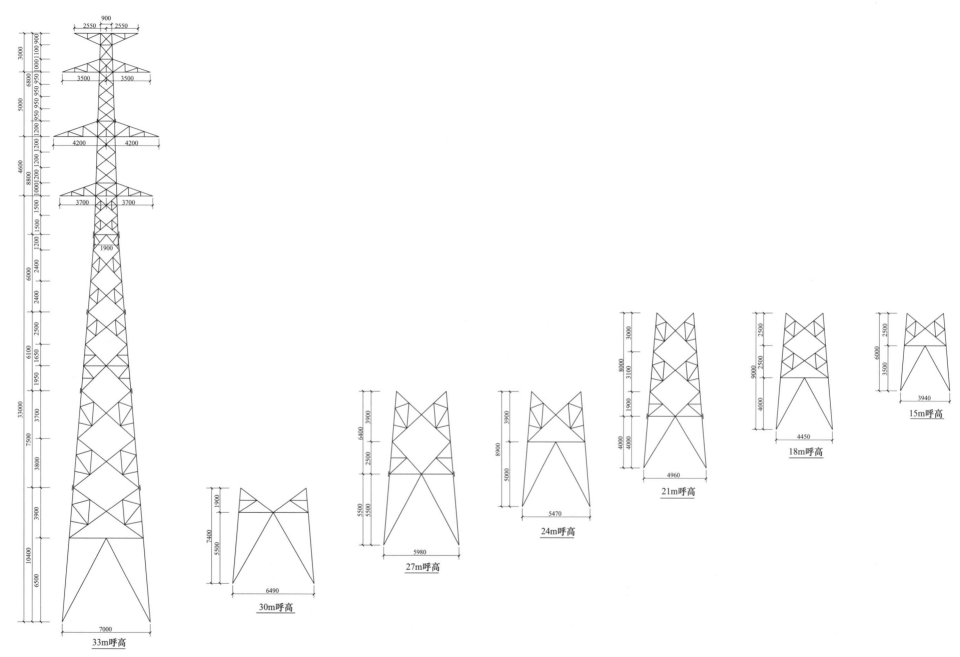

图 5-14　110-EC22S-Z2 塔单线图

国网宁夏电力有限公司 35～110kV 输变电工程典型施工图通用设计

5.2.4 110－EC22S－Z3 塔设计条件表

（1）设计条件。110－EC22S－Z3 塔的导线型号及张力、使用条件、荷载见表 5－65～表 5－67。

表 5－65 　　　　　　导线型号及张力

电压等级	110kV	导线型号	2×JL3/G1A－240/30	导线最大使用张力（kN）	2×28.57	导线断线张力取值（%）	25	导线不均匀覆冰不平衡张力取值（%）	10
		地线型号	JLB20A－100	地线最大使用张力（kN）	33.80	地线断线张力取值（%）	100	地线不均匀覆冰不平衡张力取值（%）	20

表 5－66 　　　　　　使用条件

使用条件	呼高（m）	水平档距（m）	垂直档距（m）	代表档距（m）	转角度数（°）	Kv 值
数　值	15～36	500	700	400/200	0	0.65

表 5－67 　　　　　　荷　载　表 　　　　　　（N）

气象条件（t/v/b）		正常运行情况			事故情况		安装情况	不均匀冰
		基本风速	覆冰	最低气温	未断线	断线		
		－5/27/0	－5/10/10	－40/0/0	－5/0/0	－5/0/10	－15/10/0	－5/10/10
水平荷载	导线	12628	3749				1695	3749
	绝缘子及金具	517	85				71	85
	跳线串							
	地线	5408	3077				740	2180
垂直荷载	导线	15202	25338	14287	25338	25338	14201	22804
	绝缘子及金具	1200	1788	1200	1788	1788	1200	1788
	跳线串							
	地线	7362	15333	7445	15333	15333	7174	13340
张力	导线 一侧					14286	42609	5714
	导线 另一侧					0	42609	0
	导线 张力差					14286	0	5714
	地线 一侧					35321	30443	6422
	地线 另一侧					0	30443	0
	地线 张力差					35321	0	6422

注：导线水平荷载为下相导线荷载，水平荷载已考虑高度系数。

（2）根开尺寸及基础作用力。110－EC22S－Z3 塔的根开尺寸及基础作用力见表 5－68 和表 5－69。

表 5－68 　　　　　　根　开　尺　寸 　　　　　　（mm）

呼高（m）	基础根开		地脚螺栓根开		地脚螺栓规格（35 号）
	正面根开	侧面根开	正面根开	侧面根开	
15	4210	4210	200	200	4M30
18	4750	4750	200	200	4M30
21	5290	5290	200	200	4M30
24	5830	5830	200	200	4M30
27	6370	6370	200	200	4M30
30	6910	6910	200	200	4M30
33	7450	7450	200	200	4M30
36	7990	7990	200	200	4M30

表 5－69 　　　　　　基　础　作　用　力 　　　　　　（kN）

呼高（m）	T_{max}	T_x	T_y	N_{max}	N_x	N_y
15	385.04	－40.28	－35.32	－462.73	－48.85	－40.79
18	392.68	－41.11	－35.94	－473.38	－49.76	－41.84
21	399.42	－41.92	－36.47	－483.11	－50.72	－42.81
24	406.10	－42.99	－37.06	－494.56	－52.04	－43.87
27	411.76	－43.66	－37.47	－503.91	－53.05	－44.82
30	417.02	－44.42	－37.96	－513.12	－53.99	－45.64
33	422.54	－44.98	－38.38	－521.19	－54.79	－46.45
36	426.78	－45.79	－38.78	－531.00	－55.96	－47.32

（3）110－EC22S－Z3 塔单线图。110－EC22S－Z3 塔单线图见图 5－15。

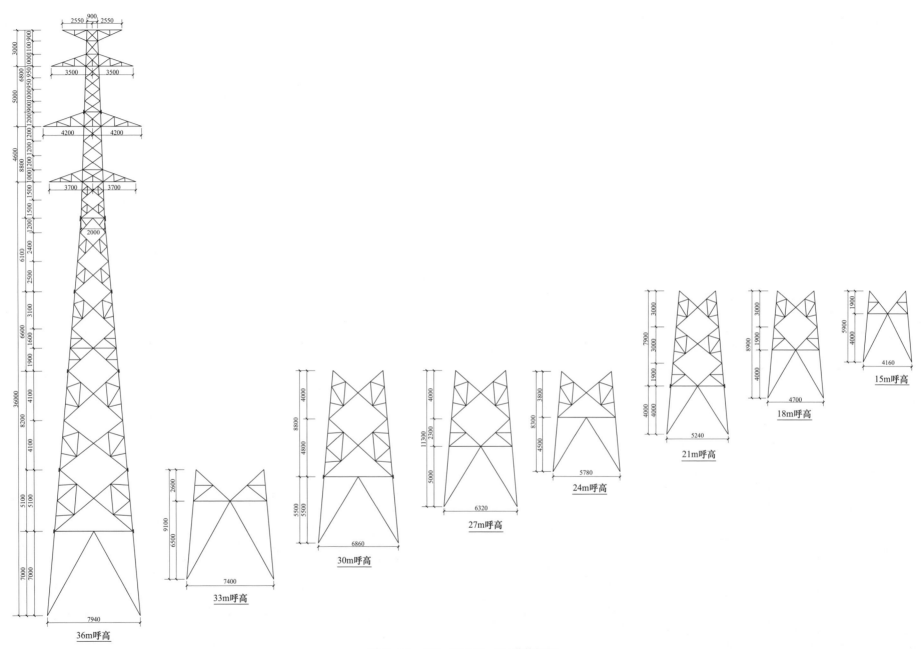

图 5-15 110-EC22S-Z3 塔单线图

国网宁夏电力有限公司 35~110kV 输变电工程典型施工图通用设计

5.2.5 110-EC22S-ZK 塔设计条件表

（1）设计条件。110-EC22S-ZK 塔的导线型号及张力、使用条件、荷载见表 5-70～表 5-72。

表 5-70　　　　导 线 型 号 及 张 力

电压等级	110kV	导线型号	2×JL3/G1A-240/30	导线最大使用张力（kN）	2×28.57	导线断线张力取值（%）	25	导线不均匀覆冰不平衡张力取值（%）	10
		地线型号	JLB20A-100	地线最大使用张力（kN）	33.80	地线断线张力取值（%）	100	地线不均匀覆冰不平衡张力取值（%）	20

表 5-71　　　　使 用 条 件

使用条件	呼高（m）	水平档距（m）	垂直档距（m）	代表档距（m）	转角度数（°）	Kv 值
数 值	33～51	380	600	400	0	0.75

表 5-72　　　　荷 载 表　　　　（N）

气象条件（t/v/b）		正常运行情况			事故情况		安装情况	不均匀冰
		基本风速	覆冰	最低气温	未断线	断线		
		-5/27/0	-5/10/10	-40/0/0	-5/0/0	-5/0/10	-15/10/0	-5/10/10
水平荷载	导线	11738	3655				1600	3655
	绝缘子及金具	591	97				81	97
	跳线串							
	地线	4677	2722				641	1929
垂直荷载	导线	13548	21719	12541	21719	21719	21719	19676
	绝缘子及金具	1200	1788	1200	1788	1788	1788	1788
	跳线串							
	地线	6857	13448	6949	13448	13448	13448	11800
张力	导线 一侧					14286	42609	5714
	另一侧					0	42609	0
	张力差					14286	0	5714
	地线 一侧					35321	30443	6422
	另一侧					0	30443	0
	张力差					35321	0	6422

注：导线水平荷载为下相导线荷载，水平荷载已考虑高度系数。

（2）根开尺寸及基础作用力。110-EC22S-ZK 塔的根开尺寸及基础作用力见表 5-73 和表 5-74。

表 5-73　　　　根 开 尺 寸　　　　（mm）

呼高（m）	基础根开		地脚螺栓根开		地脚螺栓规格（35 号）
	正面根开	侧面根开	正面根开	侧面根开	
33	7260	7260	200	200	4M30
36	7770	7770	200	200	4M30
39	8280	8280	200	200	4M30
42	8790	8790	200	200	4M30
45	9300	9300	200	200	4M30
48	9810	9810	200	200	4M30
51	10320	10320	200	200	4M30

表 5-74　　　　基 础 作 用 力　　　　（kN）

呼高（m）	T_{max}	T_x	T_y	N_{max}	N_x	N_y
33	452.19	-47.77	-43.30	-548.02	-56.67	-50.95
36	462.96	-49.14	-44.54	-563.58	-58.25	-52.49
39	473.13	-50.27	-45.56	-578.03	-59.81	-54.02
42	483.45	-51.67	-46.79	-593.83	-61.54	-55.64
45	492.28	-52.45	-47.55	-605.62	-62.69	-56.83
48	501.78	-53.91	-48.78	-621.54	-64.53	-58.49
51	510.69	-54.95	-49.70	-635.51	-66.09	-59.97

（3）110-EC22S-ZK 塔单线图。110-EC22S-ZK 塔单线图见图 5-16。

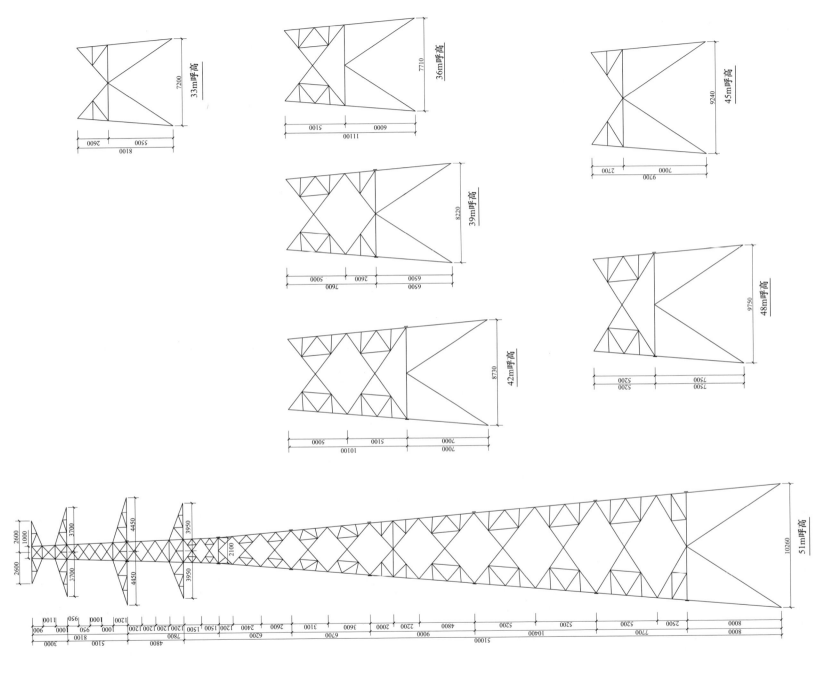

图 5-16 110-EC22S-ZK 塔单线图

5.2.6 110-EC22S-ZR 塔设计条件表

（1）设计条件。110-EC22S-ZR 塔的导线型号及张力、使用条件、荷载见表5-75～表5-77。

表5-75　　　　　导线型号及张力

电压等级	110kV	导线型号	2×JL3/G1A-240/30	导线最大使用张力（kN）	2×28.57	导线断线张力取值（%）	25	导线不均匀覆冰不平衡张力取值（%）	10
		地线型号	JLB20A-100	地线最大使用张力（kN）	33.80	地线断线张力取值（%）	100	地线不均匀覆冰不平衡张力取值（%）	20

表5-76　　　　　使 用 条 件

使用条件	呼高（m）	水平档距（m）	垂直档距（m）	代表档距（m）	转角度数（°）	Kv值
数 值	15～33	380	600	400	0	0.75

表5-77　　　　　荷 载 表　　　　　（N）

气象条件（t/v/b）		正常运行情况			事故情况		安装情况	不均匀冰
		基本风速	覆冰	最低气温	未断线	断线		
		-5/27/0	-5/10/10	-40/0/0	-5/0/0	-5/0/10	-15/10/0	-5/10/10
水平荷载	导线	9416	2867				1274	2867
	绝缘子及金具	486	80				67	80
	跳线串							
	地线	4056	2340				556	1658
垂直荷载	导线	13548	21719	12541	21719	21719	12447	19676
	绝缘子及金具	1200	1788	1200	1788	1788	1200	1788
	跳线串							
	地线	6857	13448	6949	13448	13448	6650	11800
张力	导线 一侧					14286	42609	5714
	导线 另一侧					0	42609	0
	导线 张力差					14286	0	5714
	地线 一侧					35321	30443	6422
	地线 另一侧					0	30443	0
	地线 张力差					35321	0	6422

注：导线水平荷载为下相导线荷载，水平荷载已考虑高度系数。

（2）根开尺寸及基础作用力。110-EC22S-ZR 塔的根开尺寸及基础作用力见表5-78和表5-79。

表5-78　　　　　根 开 尺 寸　　　　　（mm）

呼高（m）	基础根开		地脚螺栓根开		地脚螺栓规格（35号）
	正面根开	侧面根开	正面根开	侧面根开	
15	4320	4320	160	160	4M24
18	4860	4860	160	160	4M24
21	5400	5400	160	160	4M24
24	5940	5940	160	160	4M24
27	6480	6480	160	160	4M24
30	7020	7020	160	160	4M24
33	7560	7560	160	160	4M24

表5-79　　　　　基 础 作 用 力　　　　　（kN）

呼高（m）	T_{max}	T_x	T_y	N_{max}	N_x	N_y
15	332.64	-35.96	-30.47	-412.74	-44.47	-36.43
18	342.33	-36.49	-33.59	-426.15	-44.92	-40.31
21	351.74	-37.61	-34.65	-438.98	-46.29	-41.79
24	361.80	-38.96	-35.86	-453.67	-47.89	-43.40
27	370.34	-39.93	-36.76	-466.29	-49.30	-44.85
30	378.76	-40.97	-37.73	-478.80	-50.53	-46.12
33	386.62	-41.80	-38.52	-489.78	-51.70	-47.32

（3）110-EC22S-ZR 塔单线图。110-EC22S-ZR 塔单线图见图5-17。

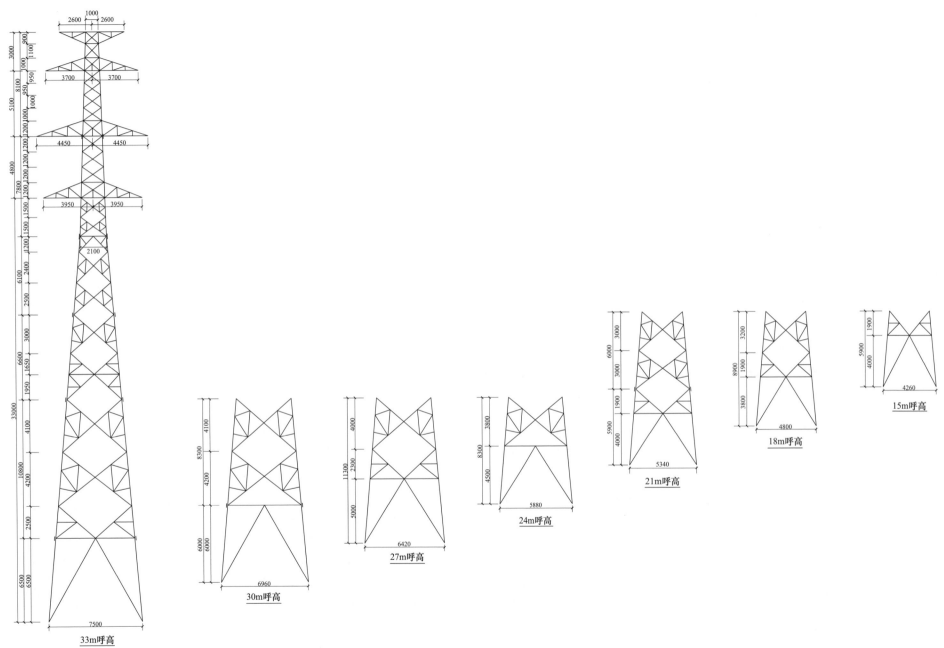

图 5-17　110-EC22S-ZR 塔单线图

5.2.7 110-EC22S-J1 塔设计条件表

（1）设计条件。110-EC22S-J1 塔的导线型号及张力、使用条件、荷载见表5-80~表5-82。

表5-80　导线型号及张力

电压等级	110kV	导线型号	2×JL3/G1A-240/30	导线最大使用张力（kN）	2×28.57	导线断线张力取值（%）	70	导线不均匀覆冰不平衡张力取值（%）	30
		地线型号	JLB20A-100	地线最大使用张力（kN）	33.80	地线断线张力取值（%）	100	地线不均匀覆冰不平衡张力取值（%）	40

表5-81　使用条件

使用条件	呼高（m）	水平档距（m）	垂直档距（m）	代表档距（m）	转角度数（°）	Kv 值
数　值	15~30	450	700	450/200	0~20	

表5-82　荷载表　（N）

气象条件（t/v/b）			正常运行情况			事故情况		安装情况	不均匀冰
			基本风速	覆冰	最低气温	未断线	断线		
			-5/27/0	-5/10/10	-40/0/0	-5/0/0	-5/0/10	-15/10/0	-5/10/10
水平荷载	导线		11675	3566				1578	3566
	绝缘子及金具		1014	167				139	167
	跳线串		573	143				79	143
	地线		4876	2816				668	1995
垂直荷载	导线		15331	24918	14843	24918	24918	14654	22521
	绝缘子及金具		2800	3977	2800	3977	3977	2800	3977
	跳线串		1281	1750	1281	1750	1750	1281	1750
	地线		8316	15870	8610	15870	15870	8225	13981
张力	导线	一侧	45063	57144	53056	56744		56696	
		另一侧	43744	51111	36127	50868		40281	
		张力差	1319	6033	16929	5876	40000	16415	17143
	地线	一侧	31380	44866	37180	36936		36673	
		另一侧	31115	36931	31031	33504		31204	
		张力差	265	7935	6149	3432	37180	5469	13520

注：导线水平荷载为下相导线荷载，水平荷载已考虑高度系数。

（2）根开尺寸及基础作用力。110-EC22S-J1 塔的根开尺寸及基础作用力见表5-83和表5-84。

表5-83　根开尺寸　（mm）

呼高（m）	基础根开		地脚螺栓根开		地脚螺栓规格（35 号）
	正面根开	侧面根开	正面根开	侧面根开	
15	4740	4740	280	280	4M42
18	5340	5340	280	280	4M42
21	5940	5940	280	280	4M42
24	6540	6540	280	280	4M42
27	7140	7140	280	280	4M42
30	7740	7740	280	280	4M42

表5-84　基础作用力　（kN）

呼高（m）	T_{max}	T_x	T_y	N_{max}	N_x	N_y
15	928.16	-95.87	-102.63	-1115.97	-118.92	-118.24
18	937.47	-98.34	-102.67	-1130.71	-121.58	-119.91
21	944.22	-95.42	-102.06	-1143.57	-118.14	-119.14
24	949.79	-97.54	-102.04	-1154.13	-121.19	-120.35
27	953.52	-96.40	-101.70	-1164.16	-119.78	-120.39
30	956.43	-99.25	-101.73	-1172.94	-123.80	-122.13

（3）110-EC22S-J1 塔单线图。110-EC22S-J1 塔单线图见图5-18。

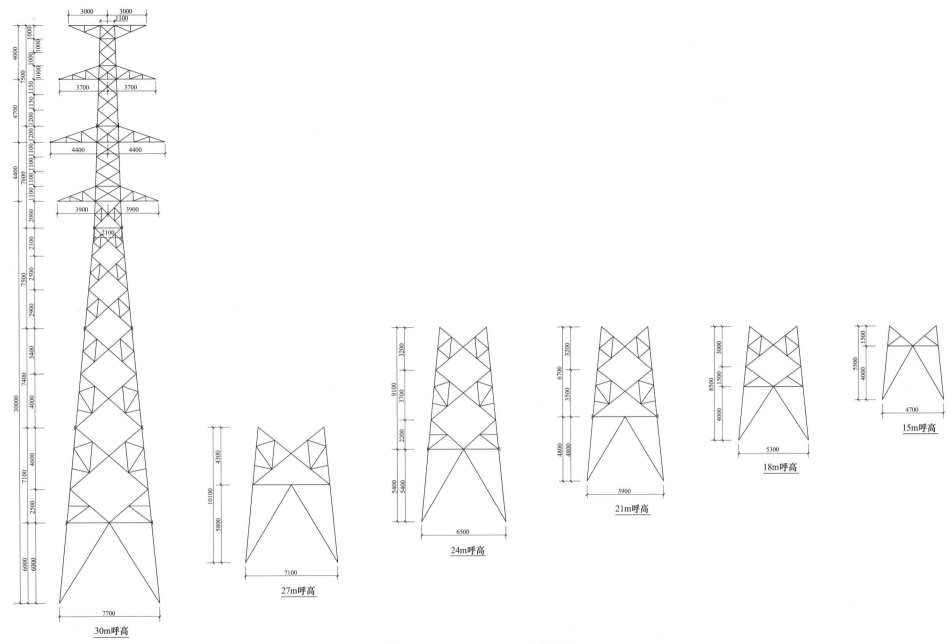

图 5-18　110-EC22S-J1 塔单线图

5.2.8 110-EC22S-J2 塔设计条件表

（1）设计条件。110-EC22S-J2 塔的导线型号及张力、使用条件、荷载见表 5-85～表 5-87。

表 5-85　　　　　导 线 型 号 及 张 力

电压等级	110kV	导线型号	2×JL3/G1A-240/30	导线最大使用张力（kN）	2×28.57	导线断线张力取值（%）	70	导线不均匀覆冰不平衡张力取值（%）	30
		地线型号	JLB20A-100	地线最大使用张力（kN）	33.80	地线断线张力取值（%）	100	地线不均匀覆冰不平衡张力取值（%）	40

表 5-86　　　　　使 用 条 件

使用条件	呼高（m）	水平档距（m）	垂直档距（m）	代表档距（m）	转角度数（°）	Kv 值
数 值	15～30	450	700	450/200	20～40	

表 5-87　　　　　荷 载 表　　　　　（N）

气象条件（t/v/b）			正常运行情况			事故情况		安装情况	不均匀冰
			基本风速	覆冰	最低气温	未断线	断线		
			-5/27/0	-5/10/10	-40/0/0	-5/0/0	-5/0/10	-15/10/0	-5/10/10
水平荷载	导线		11675	3566				1578	3566
	绝缘子及金具		1014	167				139	167
	跳线串		573	143				79	143
	地线		4880	2818				668	1996
垂直荷载	导线		15331	24918	14843	24918	24918	14654	22521
	绝缘子及金具		2800	3977	2800	3977	3977	2800	3977
	跳线串		1281	1750	1281	1750	1750	1281	1750
	地线		8316	15870	8610	15870	15870	8225	13981
张力	导线	一侧	45063	57144	53056	56744		56696	
		另一侧	43744	51111	36127	50868		40281	
		张力差	1319	6033	16929	5876	40000	16415	17143
	地线	一侧	31380	44866	37180	36936		36673	
		另一侧	31115	36931	31031	33504		31204	
		张力差	265	7935	6149	3432	37180	5469	13520

注：导线水平荷载为下相导线荷载，水平荷载已考虑高度系数。

（2）根开尺寸及基础作用力。110-EC22S-J2 塔的根开尺寸及基础作用力见表 5-88 和表 5-89。

表 5-88　　　　　根 开 尺 寸　　　　　（mm）

呼高（m）	基础根开		地脚螺栓根开		地脚螺栓规格（35 号）
	正面根开	侧面根开	正面根开	侧面根开	
15	5000	5000	280	280	4M42
18	5660	5660	280	280	4M42
21	6320	6320	280	280	4M42
24	6980	6980	280	280	4M42
27	7640	7640	280	280	4M42
30	8300	8300	280	280	4M42

表 5-89　　　　　基 础 作 用 力　　　　　（kN）

呼高（m）	T_{max}	T_x	T_y	N_{max}	N_x	N_y
15	1006.15	-120.64	-115.69	-1194.72	-143.66	-130.64
18	1017.58	-121.76	-118.84	-1206.44	-144.05	-134.78
21	1027.36	-123.04	-114.78	-1217.28	-144.49	-129.91
24	1035.92	-123.68	-117.59	-1226.38	-145.79	-133.21
27	1043.28	-124.81	-116.22	-1234.91	-144.85	-132.55
30	1049.35	-125.40	-120.57	-1242.93	-146.89	-137.26

（3）110-EC22S-J2 塔单线图。110-EC22S-J2 塔单线图见图 5-19。

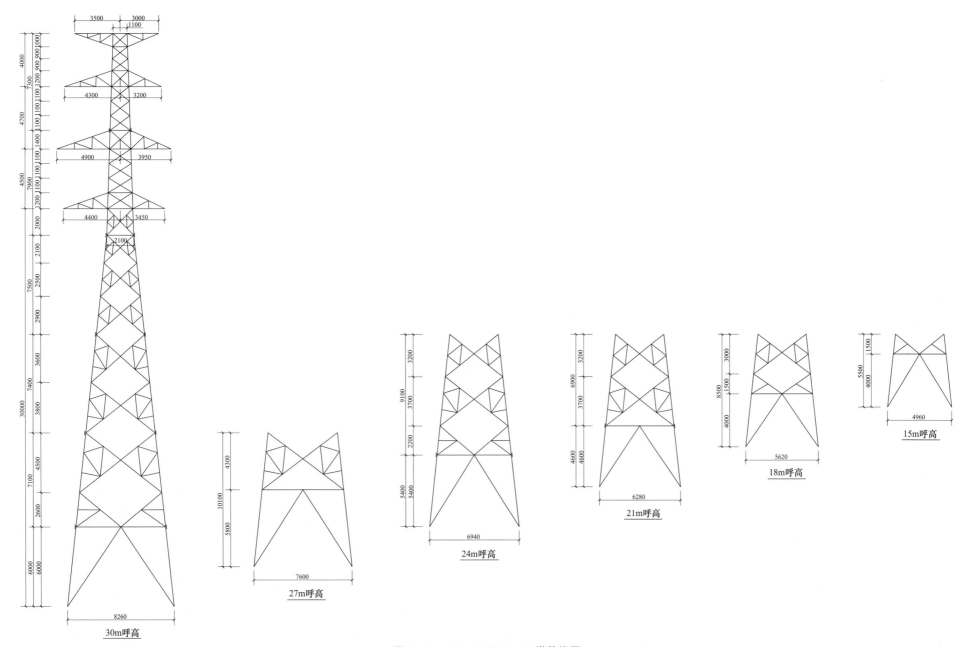

30m呼高

27m呼高

24m呼高

21m呼高

18m呼高

15m呼高

图 5－19　110－EC22S－J2 塔单线图

5.2.9 110-EC22S-J3 塔设计条件表

（1）设计条件。110-EC22S-J3 塔的导线型号及张力、使用条件、荷载见表5-90~表5-92。

表5-90　　　　　导线型号及张力

电压等级	110kV	导线型号	2×JL3/G1A-240/30	导线最大使用张力（kN）	2×28.57	导线断线张力取值（%）	70	导线不均匀覆冰不平衡张力取值（%）	30
		地线型号	JLB20A-100	地线最大使用张力（kN）	33.80	地线断线张力取值（%）	100	地线不均匀覆冰不平衡张力取值（%）	40

表5-91　　　　　使　用　条　件

使用条件	呼高（m）	水平档距（m）	垂直档距（m）	代表档距（m）	转角度数（°）	Kv值
数　值	15~30	450	700	450/200	40~60	

表5-92　　　　　荷　载　表　　　　　（N）

气象条件（t/v/b）		正常运行情况			事故情况		安装情况	不均匀冰
		基本风速	覆冰	最低气温	未断线	断线		
		-5/27/0	-5/10/10	-40/0/0	-5/0/0	-5/0/10	-15/10/0	-5/10/10
水平荷载	导线	11675	3566				1578	3566
	绝缘子及金具	1014	167				139	167
	跳线串	573	143				79	143
	地线	4887	2822				669	1999
垂直荷载	导线	15331	24918	14843	24918	24918	14654	22521
	绝缘子及金具	2800	3977	2800	3977	3977	2800	3977
	跳线串	1281	1750	1281	1750	1750	1281	1750
	地线	8316	15870	8610	15870	15870	8225	13981
张力	导线 一侧	45063	57144	53056	56744		56696	
	另一侧	43744	51111	36127	50868		40281	
	张力差	1319	6033	16929	5876	40000	16415	17143
	地线 一侧	31380	44866	37180	36936		36673	
	另一侧	31115	36931	31031	33504		31204	
	张力差	265	7935	6149	3432	37180	5469	13520

注：导线水平荷载为下相导线荷载，水平荷载已考虑高度系数。

（2）根开尺寸及基础作用力。110-EC22S-J3 塔的根开尺寸及基础作用力见表5-93和表5-94。

表5-93　　　　　根　开　尺　寸　　　　　（mm）

呼高（m）	基础根开		地脚螺栓根开		地脚螺栓规格（35号）
	正面根开	侧面根开	正面根开	侧面根开	
15	5100	5100	320	320	4M48
18	5760	5760	320	320	4M48
21	6420	6420	320	320	4M48
24	7080	7080	320	320	4M48
27	7740	7740	320	320	4M48
30	8400	8400	320	320	4M48

表5-94　　　　　基　础　作　用　力　　　　　（kN）

呼高（m）	T_{max}	T_x	T_y	N_{max}	N_x	N_y
15	1403.65	-162.05	-161.95	-1544.38	-189.10	-168.03
18	1412.81	-162.60	-165.02	-1562.66	-189.33	-173.42
21	1419.03	-162.40	-159.98	-1578.87	-188.61	-169.75
24	1424.20	-162.54	-162.12	-1592.10	-189.49	-174.05
27	1427.60	-162.58	-160.25	-1604.33	-189.17	-173.22
30	1429.71	-162.67	-163.78	-1615.55	-190.37	-178.96

（3）110-EC22S-J3 塔单线图。110-EC22S-J3 塔单线图见图5-20。

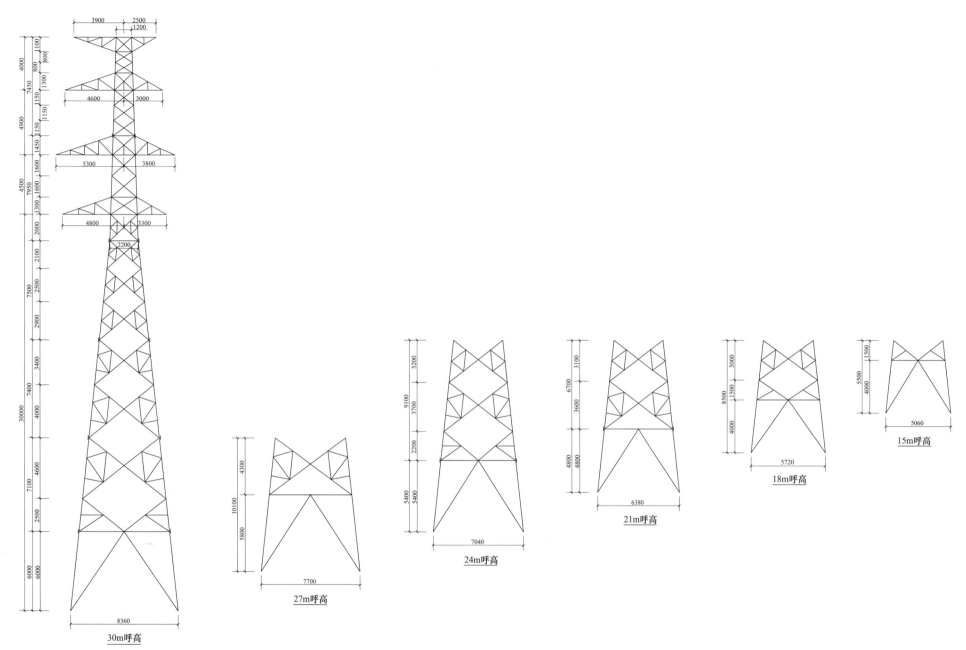

图 5-20　110-EC22S-J3 塔单线图

5.2.10 110-EC22S-J4 塔设计条件表

（1）设计条件。110-EC22S-J4 塔的导线型号及张力、使用条件、荷载见表 5-95～表 5-97。

表 5-95　　　　　　　　　导 线 型 号 及 张 力

电压等级	110kV	导线型号	2×JL3/G1A-240/30	导线最大使用张力（kN）	2×28.57	导线断线张力取值（%）	70	导线不均匀覆冰不平衡张力取值（%）	30
		地线型号	JLB20A-100	地线最大使用张力（kN）	33.80	地线断线张力取值（%）	100	地线不均匀覆冰不平衡张力取值（%）	40

表 5-96　　　　　　　　　使 用 条 件

使用条件	呼高（m）	水平档距（m）	垂直档距（m）	代表档距（m）	转角度数（°）	Kv 值
数　值	15～30	450	700	450/200	60～90	

表 5-97　　　　　　　　　荷 载 表　　　　　　　　（N）

气象条件（t/v/b）		正常运行情况			事故情况		安装情况	不均匀冰
		基本风速	覆冰	最低气温	未断线	断线		
		-5/27/0	-5/10/10	-40/0/0	-5/0/0	-5/0/10	-15/10/0	-5/10/10
水平荷载	导线	11675	3566				1578	3566
	绝缘子及金具	1014	167				139	167
	跳线串	573	143				79	143
	地线	4897	2829				671	2004
垂直荷载	导线	15331	24918	14843	24918	24918	14654	22521
	绝缘子及金具	2800	3977	2800	3977	3977	2800	3977
	跳线串	1281	1750	1281	1750	1750	1281	1750
	地线	8316	15870	8610	15870	15870	8225	13981
张力	导线 一侧	45063	57144	53056	56744		56696	
	导线 另一侧	43744	51111	36127	50868		40281	
	导线 张力差	1319	6033	16929	5876	40000	16415	17143
	地线 一侧	31380	44866	37180	36936		36673	
	地线 另一侧	31115	36931	31031	33504		31204	
	地线 张力差	265	7935	6149	3432	37180	5469	13520

注：导线水平荷载为下相导线荷载，水平荷载已考虑高度系数。

（2）根开尺寸及基础作用力。110-EC22S-J4 塔的根开尺寸及基础作用力见表 5-98 和表 5-99。

表 5-98　　　　　　　　　根 开 尺 寸　　　　　　　　（mm）

呼高（m）	基础根开		地脚螺栓根开		地脚螺栓规格（35 号）
	正面根开	侧面根开	正面根开	侧面根开	
15	5470	5470	370	370	4M56
18	6190	6190	370	370	4M56
21	6910	6910	370	370	4M56
24	7630	7630	370	370	4M56
27	8350	8350	370	370	4M56
30	9070	9070	370	370	4M56

表 5-99　　　　　　　　　基 础 作 用 力　　　　　　　　（kN）

呼高（m）	T_{max}	T_x	T_y	N_{max}	N_x	N_y
15	1679.93	-214.49	-203.82	-1902.21	-247.69	-225.20
18	1688.23	-214.12	-208.42	-1919.26	-247.87	-231.73
21	1693.24	-214.03	-202.90	-1934.99	-247.42	-227.46
24	1697.77	-213.39	-204.92	-1947.53	-244.98	-234.48
27	1699.74	-213.27	-203.73	-1960.01	-245.34	-234.13
30	1700.82	-210.08	-210.22	-1971.30	-246.48	-240.46

（3）110-EC22S-J4 塔单线图。110-EC22S-J4 塔单线图见图 5-21。

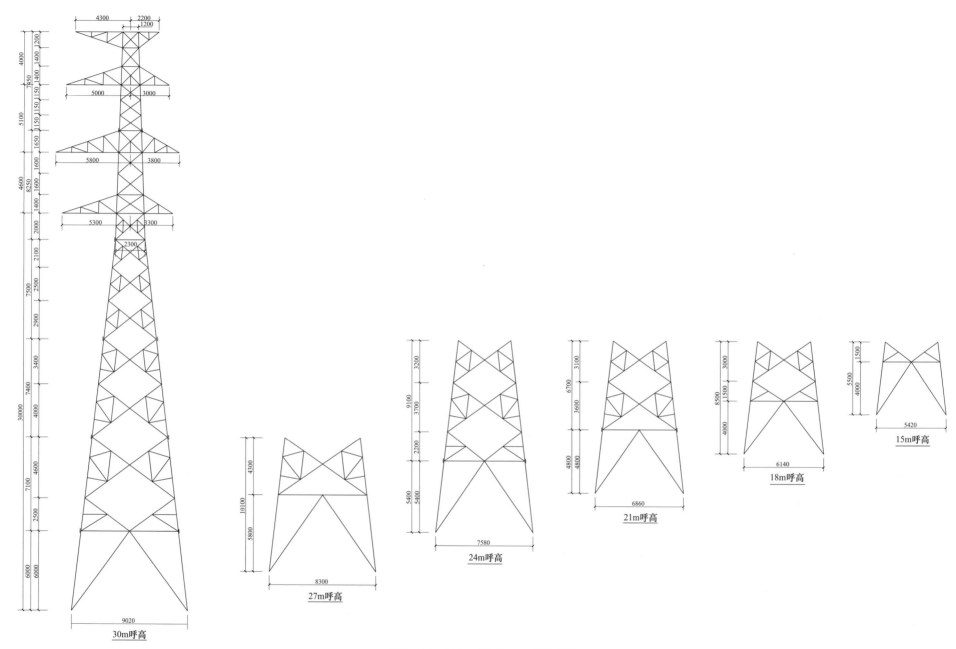

图 5-21　110-EC22S-J4 塔单线图

国网宁夏电力有限公司 35～110kV 输变电工程典型施工图通用设计

5.2.11 110-EC22S-DJ 塔设计条件表

（1）设计条件。110-EC22S-DJ 塔的导线型号及张力、使用条件、荷载见表 5-100～表 5-102。

表 5-100　　　　　导线型号及张力

电压等级	110kV	导线型号	2×JL3/G1A-240/30	导线最大使用张力（kN）	2×28.57	导线断线张力取值（%）	70	导线不均匀覆冰不平衡张力取值（%）	30
		地线型号	JLB20A-100	地线最大使用张力（kN）	33.80	地线断线张力取值（%）	100	地线不均匀覆冰不平衡张力取值（%）	40

表 5-101　　　　　使 用 条 件

使用条件	呼高（m）	水平档距（m）	垂直档距（m）	代表档距（m）	转角度数（°）	Kv 值
数 值	15～30	450	700	450/200	0～90	

表 5-102　　　　　荷 载 表　　　　　（N）

气象条件 （t/v/b）		正常运行情况			事故情况		安装情况	不均匀冰
		基本风速	覆冰	最低气温	未断线	断线		
		-5/27/0	-5/10/10	-40/0/0	-5/0/0	-5/0/10	-15/10/0	-5/10/10
水平荷载	导线	9029	2862				1239	2862
	绝缘子及金具	1014	167				139	167
	跳线串	573	143				79	143
	地线	4396	2108				596	1494
垂直荷载	导线	15151	24918	13759	24918	24918	13697	22476
	绝缘子及金具	2800	3977	2800	3977	3977	2800	3977
	跳线串	1281	1750	1281	1750	1750	1281	1750
	地线	8131	16037	8118	16037	16037	7800	14060
张力	导线 一侧	45063	57144	36127	56744		40281	
	导线 另一侧							
	导线 张力差	45063	57144	36127	56744	40001	40281	17143
	地线 一侧	31115	44866	31031	36936		31204	44866
	地线 另一侧							
	地线 张力差	31115	44866	31031	36936	37180	31204	13520

注：导线水平荷载为下相导线荷载，水平荷载已考虑高度系数。

（2）根开尺寸及基础作用力。110-EC22S-DJ 塔的根开尺寸及基础作用力见表 5-103 和表 5-104。

表 5-103　　　　　根 开 尺 寸　　　　　（mm）

呼高（m）	基础根开		地脚螺栓根开		地脚螺栓规格（35 号）
	正面根开	侧面根开	正面根开	侧面根开	
15	5470	5470	370	370	4M56
18	6190	6190	370	370	4M56
21	6910	6910	370	370	4M56
24	7630	7630	370	370	4M56
27	8350	8350	370	370	4M56
30	9070	9070	370	370	4M56

表 5-104　　　　　基 础 作 用 力　　　　　（kN）

呼高（m）	T_{max}	T_x	T_y	N_{max}	N_x	N_y
15	1694.66	-214.93	-204.31	-1920.50	-250.00	-224.50
18	1700.82	-214.40	-209.16	-1935.90	-250.04	-231.57
21	1704.34	-214.24	-203.80	-1950.11	-249.38	-227.59
24	1707.43	-210.77	-208.47	-1961.64	-247.05	-234.34
27	1708.65	-210.77	-207.13	-1972.86	-247.22	-234.05
30	1708.90	-210.40	-210.60	-1983.28	-248.24	-240.33

（3）110-EC22S-DJ 塔单线图。110-EC22S-DJ 塔单线图见图 5-22。

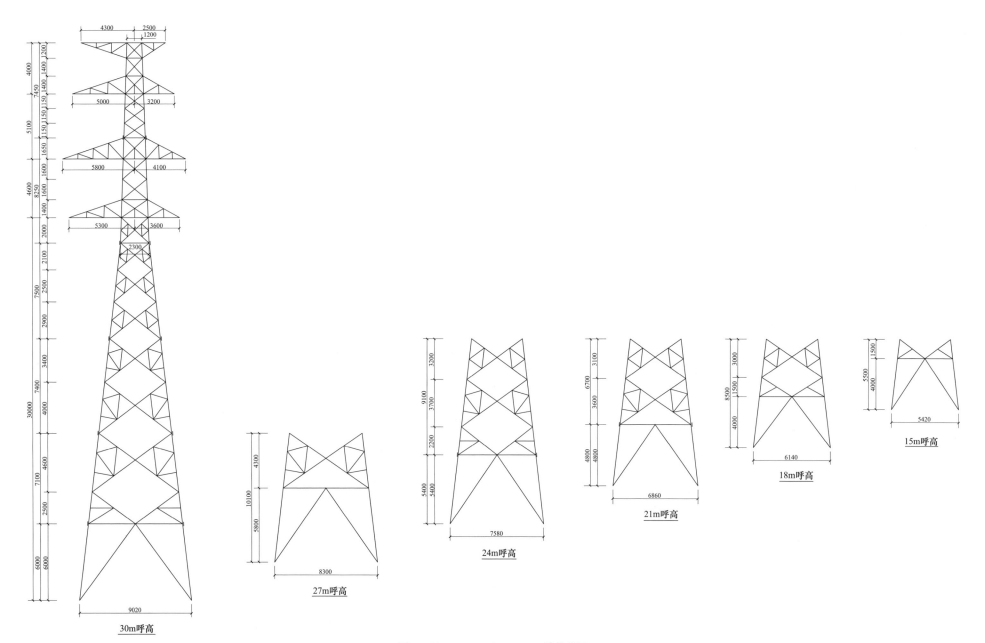

图 5-22 110-EC22S-DJ 塔单线图